国家自然科学基金青年基金项目，项目编号：51508439

人居环境可持续发展论丛（西北地区）

基于家庭通学出行的西安市小学服务圈布局研究

A Study of Service Circle Layout Planning of Xi'an City's Urban Primary Schools based on Households' School Travel Behaviors

王侠　著

中国建筑工业出版社
CHINA ARCHITECTURE & BUILDING PRESS

图书在版编目(CIP)数据

基于家庭通学出行的西安市小学服务圈布局研究/王侠著. —
北京:中国建筑工业出版社,2019.4
(人居环境可持续发展论丛. 西北地区)
ISBN 978-7-112-23298-7

Ⅰ. ①基… Ⅱ. ①王… Ⅲ. ①小学-城市规划-研究-西安
Ⅳ. ①TU984.241.1

中国版本图书馆CIP数据核字(2019)第028619号

随着城市发展,城市小学"住—教"空间联系模式和空间机会模式发生较大变化,家庭通学出行的时空距离差异化显著,城市小学与其周边建成环境较之建成之初也在动态调整,未能适应家庭出行需求。本书运用时间地理学方法,揭示出家庭通学行为的"人—时间—空间"三者之间的关联性;从规划视角,构建了统筹城市小学与周边环境的城市小学服务圈建成环境影响因子;提出用地交通一体化的城市小学服务圈布局方法。本书涉及多学科交叉,可供城乡规划、地理学等专业学生、相关研究人员及城市建设、管理人员参考。

责任编辑:石枫华　李　杰
责任校对:焦　乐

人居环境可持续发展论丛(西北地区)

基于家庭通学出行的西安市小学服务圈布局研究
王　侠　著

*
中国建筑工业出版社出版、发行(北京海淀三里河路9号)
各地新华书店、建筑书店经销
北京锋尚制版有限公司制版
北京建筑工业印刷厂印刷
*
开本:787×1092毫米　1/16　印张:12　字数:235千字
2019年7月第一版　2019年7月第一次印刷
定价:56.00元
ISBN 978-7-112-23298-7
　　　(33593)

　　中国已进入到注重城市空间结构优化以及居民生活质量提升的新型城镇化发展阶段。城市小学家庭每日接送孩子上、下学的通学行为，使得城市小学与家庭居住地和家长工作地的空间联系紧密，对接送家长的时空间制约明显，因此，城市小学布局合理与否直接关系到家庭日常生活质量和城市空间结构组织效率。小学属于义务教育的重要组成部分，对于促进义务教育均衡发展起到非常重要的作用。城市小学空间布局应满足政府为适龄儿童在户籍所在地学校提供就近入学的保障服务。我国城市小学是在步行可达性原则下配套周边居住的基础教育设施。城市小学占地大，服务时间长，空间覆盖面广，一旦建成较难改变。随着城市发展，城市小学"住—教"空间联系模式和空间机会模式发生较大变化，家庭通学出行的时空距离差异化显著；城市小学与其周围建成环境的结构、规模和形态较之建成之初也有很大调整，难以满足家庭出行需求。通学行为是家庭主观出行意愿与客观建成环境制约的双重结果。家庭通学行为与城市空间的互动关系，是理解城市小学与周边空间布局形成与发展的重要途径。

　　本书以西安市主城四区城市小学的学区长小学为研究对象，以家庭通学时空距离划定城市小学服务圈，展开城市小学服务圈布局研究。主要包含三方面内容：首先，运用时间地理学研究城市小学家庭通学行为，揭示了家庭通学行为的"人—时间—空间"三者之间的紧密联系。总结出城市小学通学出行的住教就近、教职就近和住教分离三种空间模式。其次，基于城市规划视角，从土地使用、交通组织、环境设计与学校建设四个方面，构建影响通学出行的城市小学服务圈建成环境指标体系。通过对西安市不同城市小学服务圈的建成环境对通学出行的影响分析，总结出建成环境共性影响因子。然后，提出城市小学服务圈布局模式，从土地使用、交通组织、环境设计和学校建设四个物质空间方面展开布局引导，针对不同类型城市小学服务圈提出布局优化策略。

　　基于家庭通学出行的城市小学服务圈布局研究，是时空行为理论在城市教育设施规划的应用研究，也是针对完善城市小学空间配置、优化城市微观空间组织做出的基础研究。通过对城市小学服务圈建成环境的调整与优化，可提高家庭通学出行效率，增加儿童的体力活动与社会交往机会，缓解机动车接送对学校附近交通带来的拥堵与混乱，减少工作家长接送儿童的时空制约。另外，通过城市小学服务圈服务水平提升，一定程度上抑制择校冲动，促进教育空间布局均衡。从而提高新型城镇化发展质量。

目录

1.1 研究背景与问题

1.1.1 空间研究转向可获得感与行为驱动

到2016年末，中国城镇化率已经达到57.35%，中国城市正在经历从速度化到质量化发展阶段。党的十九大报告指出，当前我国社会发展进入新时代，人民日益增长的美好生活需要和不平衡不充分的发展之间的矛盾是新型城镇化建设中的重大挑战。把城市规划好、建设好、管理好，促进以人为核心的新型城镇化发展，对于中国发展具有重要现实意义和深远历史意义。"让人民群众有更多获得感"[①]成为以人为本新型城镇化的重要体现，也是衡量社会发展的标准。

城市规划学科以空间研究和空间布局为核心内容，面临着从注重"生产空间"（place-based）到注重"生活空间"（people-based）的研究范式转型，从"以空间为本"到"以人为本"的规划方法革新，从以"经济活动和建设用地"为核心的物质空间规划到以"个体日常行为活动"为核心的社会空间规划的转变。

在注重质量的内涵式发展下，城市修补成为城市存量空间品质提升的重要举措。2017年3月6日，住房城乡建设部印发了《关于加强生态修复城市修补工作的指导意见》，要求各地将"城市双修"作为推动供给侧结构性改革的重要任务，以改善生态环境质量、补足城市基础设施短板、提高公共服务水平为重点，转变城市发展方式，让群众有更多获得感。

在全球化、信息化和快速城市化的背景下，中国城市空间正在经历不断重构的过程。并且随着城市土地使用制度、住房制度、就业制度等改革的不断深入，以及人们生活方式的日趋多样化，个人偏好和主观能动性在居民行为中的作用不断显现。从城市规划和设计的理论角度，只有进一步研究社会经济活动、城市空间结构、以及个体行为之间的互动关系，才能找到空间布局的内在规律，才能科

---

① 2015年2月27日在中央全面深化改革领导小组第十次会议上，习近平总书记提出"获得感"。

学指导城市规划与设计。基于人的行为与城市空间结构互动规律的城市规划设计方法，以空间为出发点，把握社会经济活动规律和居民各种空间行为的特征与趋势，优化城市空间布局与结构组织，引导居民进行合理、健康、可持续的日常行为，建立重视居民个人生活质量的现代城市生活方式，已经成为中国城市研究与规划实践的新方向。

1.1.2 基础教育从注重量的均衡转向质的均衡

教育发展对于国家富强、人才培养、社会公平正义等具有重要的意义。教育优先发展是党和国家提出并长期坚持的一项重大方针。十九大报告中"提高保障和改善民生水平，加强和创新社会治理"部分，首先谈到的就是"优先发展教育事业"。建设教育强国是中华民族伟大复兴的基础工程，必须把教育事业放在优先位置，加快教育现代化，办好人民满意的教育。义务教育发展关乎民生的生活质量，成为各级党委和政府的重要工作内容。而小学是公民接受教育的起点，政府公平的提供基础设施教育，有利于小学发展与人口素质的高质量需求。

2006年新修订的《中华人民共和国义务教育法》第一次以国家法律的形式提出"义务教育均衡发展"的思想。教育均衡发展过程包括受教育机会均衡、教育资源配置均衡、教育质量均衡、教育结果均衡这四个层次。2016年，九年义务教育巩固率达到93.4%，九年义务教育人口覆盖率已达100%，初中阶段毛入学率超过100%，小学学龄儿童净入学率达99.9%。从总体来看，义务教育的普及率和巩固率达到了较高水平，实现了教育机会均衡，我国义务教育整体发展处于从规模增长转向注重均衡发展、结构优化和提升质量的阶段。但是，义务教育资源的不均衡性，依然影响公共资源的配置效率与居民生活品质。

义务教育设施的规划布局影响义务教育均衡发展。1986年，《义务教育法》正式将"就近入学"政策写入法律。2006年修改的《中华人民共和国义务教育法》第一章第十二条明确规定："适龄儿童、少年免试入学。地方各级人民政府应当保障适龄儿童、少年在户籍所在地学校就近入学。"就近入学就是学生根据户籍所在学区就近入学，减少生源对教育均衡造成的影响。《国家中长期教育改革和发展规划纲要（2010—2020年）》进一步强调了义务教育的空间布局："合理规划学校布局，方便学生就近入学，确保进城务工人员随迁子女平等接受义务教育；推进义务教育均衡发展，建立健全义务教育均衡发展保障机制，推进义务教育学校标准化建设，均衡配置教师、设备、图书、校舍等资源；切实缩小校际差距，着力解决择校问题；等等。"

但是，义务教育资源的不均衡性，依然影响公共资源的配置效率与居民生活品质。虽然就近入学教育政策对于普及义务教育，提供教育机会均等发挥了很好的作用。但是，实际操作中就近入学将入学权与户籍关联，又引发了学区房等新的社会不公平现象，在城市中的矛盾更加突出。就近入学的内涵是政府有义务保障适龄儿童、少年"就近入学"；小学是政府提供义务教育就近入学的教育设施。就近入学应该建立在学生家庭自由选择的基础上，也即学生家庭有就近入学的权利，但是不一定有强制执行就近入学的义务。追求教育质量均衡和教育设施可获性是当下义务教育发展的主要目标。

政府也在积极探索促进教育均衡的办法。教育部在《关于做好2016年城市义务教育招生入学工作的通知（2016年1月26日）》中首次明确提出"在教育资源配置不均衡、择校冲动强烈的地方，根据实际情况积极稳妥采取多校划片"，并且要求24个城市（包含西安）的100%公办小学、90%的公办初中要实现划片入学。多校划片是指一个小区对应多个学校，保证各片区的教育均衡。这可以看做是对就近入学的改进，试图为"以房择校"降温，弥补在学校和人口密度空间不均的格局下，因为学区范围划分不均匀以及就学距离差异性带来的不公平。政府如何均衡配置小学教育设施，使城市小学与其周边用地方便家庭通学出行，成为新挑战。

1.1.3 城市小学基本内涵与现实矛盾

在中国基础教育转向质的均衡的发展过渡阶段，城市小学的内涵与现实情况之间还存在一定的矛盾，这是影响城市小学教育设施空间均衡布局的根本原因。城市小学的内涵涉及社会特征、产品属性、政策属性和空间属性等方面。

1. 社会特征

从社会特征来看，存在着"素质教育"与"人才选拔"的矛盾。

教育与社会之间密不可分，有机统一。一方面，教育适应并促进社会的发展；另一方面，社会发展水平也会影响受教育的平等性，进而影响社会不平等的扩大和缩小。教育有三个基本功用。第一个功用就是将社会的文化和价值观念传达给个体。根据杜威（John Dewey）说法，学校教育就是提供一种环境来影响受教育者的智力倾向和道德倾向。第二个功用就是社会控制，传达社会规范。对规范意义的理解与内化，使得学生明确知道社会共识的行为准则。第三个功用是进行人才的筛选和储备。通过考试鉴定人们知识水平和能力。

正是因为教育具有"人才选拔"的作用，也就具有了社会分层的作用。由于个人受教育程度与之在现代社会的竞争力有关，作为竞争力的指标，教育程度与个体收入、社会地位和声望密切相关。因此，教育活动本身对人具有分化与选择的作用，它使具有不同教育成就的人在社会结构中获得不同的地位，因而成为一种资源。人们在教育活动中的地位如何将直接或间接影响和决定他们在社会中的地位，教育作用在社会分层和社会流动方面已经占据了中心位置，人们越来越重视教育的价值和作用。

根据《中华人民共和国义务教育法》（2015年修正），我国实行九年义务教育制度。凡具有中华人民共和国国籍的适龄儿童、少年，不分性别、民族、种族、家庭财产状况、宗教信仰等，依法享有平等接受义务教育的权利，并履行接受义务教育的义务。义务教育的目的是实施素质教育，提高教育质量，使适龄儿童、少年在品德、智力、体质等方面全面发展，为培养有理想、有道德、有文化、有纪律的社会主义建设者和接班人奠定基础。

重点学校制度对教育均衡发展影响较大。中华人民共和国成立初期建立的是重点学校制度，对于新中国教育质量的提高和人才培养发挥了重要作用。随着重点学校的大规模发展，一些弊端逐渐暴露出来，教育资源长期向重点学校倾斜，加深了教育资源分配不均衡。自20世纪90年代起，中共中央和教育部门在政策上明确禁止在义务教育阶段举办重点校（班）。2006年6月国家颁布的《中华人民共和国义务教育法》，其中第三章第二十二条规定：县级以上人民政府及其教育行政部门应当促进学校均衡发展，缩小学校之间办学条件的差距，不得将学校分为重点学校和非重点学校。学校不得分设重点班和非重点班。这是国家首次以法律形式"取消重点学校"。但是，由于认识到人才对国家发展的重要性，重点高校和重点高中的作用仍然在进一步发展。中国人历来重视孩子教育、崇尚精英教育，大多数家庭通过"高考"的教育制度实现向上的社会流动，所以，从义务教育的小学阶段就开始非常重视教学质量。虽然取消了重点学校，但是名校效益仍然发挥延续作用，吸引着大量家长不惜交纳重金或者动用社会资源将孩子送进重点学校就读。择校行为在小学阶段已经形成。可以说，中国的教育机会不平等问题不是出现在高考阶段，而是延伸至义务教育制度和升学制度的衔接处。

2. 产品属性

从公共产品属性来看，存在政府提供免费教育与资源投入不均衡的矛盾。

"公共产品"的研究始于大卫·休谟的《人性论》。大卫·休谟在该书中探讨了政府的起源，提出了"集体消费品"，即一些对个人有利的事务要通过集体行动才能够完成。亚当·斯密在《国民财富的性质和原因的研究》一书中详细论述了国家的义务，提到国家提供公共产品的类型、方式和公平性等内容。保罗·萨缪尔森在《公共支出的纯粹理论》中明确指出："纯粹的公共产品是每个人对这种物品的消费并不减少任何其他人对这种物品的消费"，其本质特征是消费的排他性（non-excludability）和消费的非竞争性（non-rivalrous consumption）。公共产品与人民生活密切相关，满足人们的基本需求，不能完全市场化；非公共产品则可以完全由市场供给和调节，实行"谁投资，谁受益"的原则，政府只需加以必要的引导。公共产品又分为纯公共产品——即由政府提供建设和运行成本的单一的公益性产品；以及准公共产品，即运营基本能做到自负盈亏的具有一定盈利可能性的产品两类。美国学者戈尔丁认为，在公共产品和准公用产品的消费上，存在着"平等进入"和"选择性进入"的区别①。

　　我国《义务教育法》明确了义务教育的公益性以及实现义务教育公平、促进义务教育均衡发展的发展方向。从理论上讲，义务教育是免费的教育，费用应该由政府提供，其融资应该由政府的税收解决，应该属于公共产品。《国家中长期教育改革和发展规划纲要（2010—2020年）》中第四十二条明确了要深化办学体制改革，但是要以政府办学为主体、全社会积极参与、公办教育和民办教育共同发展的格局；第九条中明确指出"在保障适龄儿童少年就近进入公办学校的前提下，发展民办教育，提供选择机会。"实际上，我国义务教育采取的是以政府办学为主体，民办学校在提供义务教育方面也可以发挥一定的作用。因此，义务教育可以说包含纯公共产品和准公共产品两种形式；由政府举办的公办学校看做纯公益性公共设施，由私人举办的民办学校看做准公益性公共设施。明确了"政府是教育设施公共产品的提供者"这一原则，可以有效解决项目开发的经济效益与城市建设的公共效益之间的矛盾。

　　义务教育也是地方性公共产品。《义务教育法》第一章第七条规定"义务教育实行国务院领导，省、自治区、直辖市人民政府统筹规划实施，县级人民政府为主管理的体制。县级以上人民政府教育行政部门具体负责义务教育实施工作；县级以上人民政府其他有关部门在各自的职责范围内负责义务教育实施工作。"由此看出，我国政府义务教育实行"地方负责、分级管理"的模式，一是存在区域性收益特点，适合地方政府管理；二是存在"溢出效应"和"拥挤效应"。依据溢出效应的分配情况，流动人口子女的入学问题要由流入地政府加以解决。拥挤效应是指随着人口和使用者的增加，义务教育产品的使用将更加拥挤。义务教育产品需要按照不同的受益对象，由不同层级的政府提供。

　　教育公平是人类社会普遍的价值取向，小学在教育中处于最基础的地位，是实现社会公平的起点。均衡的财政投入是实现教育公平的重要基础。但是，现阶段我国义务教育财政投入不均衡的问题也是客观存在的，影响了社会公平正义。一是整体来说义务教育财政资源供给不充足；二是我国各地区经济社会发展不平衡，区域之间的义务教育发展水平和生均教育经费都存在很大的差异性；三是义务教育财政制度还存在一定弊端；四是城乡二元机构体制的影响，使得城乡间的义务教育财政投入呈现不均衡状况；五是长期以来的教育投入不足，实施重点学校制度，有限的教育资源流向重点学校，带来校际间资源配置不均衡；六是法规政策和监督机制不完善。总体来说，在区域之间、城乡之间、校际之间、户籍人口与流动人口之间等等财政资源配置标准不同，加剧了教育发展的不均衡。

3. 政策属性

　　从政策属性来看，存在着教育机会均等与教育质量不均衡之间的矛盾。

　　教育政策是国家教育发展的指南针，教育政策的公平对于教育公平具有举足

① 平等进入是指公共产品可以由任何人消费，如国防。选择性进入是指只有满足一定的约束条件，如付费后才可以进行消费。

轻重的影响。1986年，我国颁布的《中华人民共和国义务教育法》中就规定："地方各级人民政府应当合理设置小学、初级中等学校，使儿童、少年就近入学"，开始推行小学、初中就近入学。2006年修改的《中华人民共和国义务教育法》第一章第十二条明确规定："适龄儿童、少年免试入学。地方各级人民政府应当保障适龄儿童、少年在户籍所在地学校就近入学。""就近入学"既是政府应该承担和保障儿童、少年等接受教育的法定义务，也是法律赋予少年、儿童的一项法定权利；是我国教育政策的重要组成部分，包含特定的社会价值和社会目标，整合不同群体的教育利益。就近入学政策目的是推动了普及教育的实现，也在一定程度上遏制择校冲动。

就近入学政策满足了入学机会平等的要求，如果在政府合理设置的前提下，所推行的就近入学政策能方便学生及其家长，则有利于推进义务教育的实施。然而，实施"就近入学"需要一定的条件，需要一个实践过程。"就近入学"所体现的教育公平，以户籍所在地决定所上学校，对于适龄儿童来说并非真正的教育机会均等。由于父母户籍所在地教育质量的差异，办学水平参差不齐，"就近入学"只能保证最低条件下的入学机会平等，而学区间、居民之间的教育入学机会并不均等，学生往往很难获得同质的教育内容。

教育资源的有限性不可避免地使人们关注优质教育资源配置的有效性和公平性，"自主择校"就不可避免地出现。"自主择校"使得在竞争中校际间的差距越拉越大，把优质教育资源与普通教育资源的供需矛盾对立起来，这就在一定程度上妨碍了义务教育的普及与提高。

就近入学政策伴随着学区制的发展。具体含义是，政府履行自身的义务，提供各种资源保障，适龄儿童、少年在自己的户籍所在地，指定行政规划的学区接受义务教育，根据规定，义务教育阶段实施划片入学，学校不得选择学区外的学生，学生也不能自由选择学校。

学区制将学籍与户籍联系起来，将教育供给的社会化路径变革为一个地理的问题——有限的居住地的地理区位直接决定入学权。这一导向将城市区位与教育供给联系起来。教育资源分配规则出现转变，即通过购买学区房获得中、小学名校的入学权。优质教育资源的不均衡使得教育资源在分配过程中被资本化，教育资源的优劣也使居住区的价值发生了变化，中上层阶层可以通过买房择校，于是衍生出了"学区房"，抬高了学生入学的门槛，而对于弱势群体就学更为不利。学区房现象再次加剧了教育资源的不均衡性和不公平性。

4. 空间特征

从空间属性来看，存在着规划全覆盖与空间分布不均衡之间的矛盾。

基于城市小学公共产品属性，在布局中应该体现公平、均衡的空间配置原则，按照千人指标和服务半径进行配置，表现出空间全覆盖和无分层设置的结构特征和"点多面广均匀分布"的空间分布特点。相比其他城市公共服务设施，城市小学公共服务设施体系的结构最近似均质的。并且，城市小学的功能空间紧凑度与城市规模关系不大，不论规模大小，均按照一定的服务半径较为均衡的布置。因此，以城市小学为核心形成的城市微观组织单元也较为均质。

由于不同历史时期教育设施布局原则不同，以及不同建设时期的城市形态也具有差异性，因此城市小学的空间布局呈现较大的差别。比如，老城区一般小学数量较多，规模较小，分布较为密集；而新城区一般小学数量较少，规模较大，分布也较为分散。在老城区和新城区内，不同地区间存在着不均衡现象。部分地区的小学数量充足，甚至有富余，服务覆盖存在一定的重复和浪费。而部分地区的小学较为不足，存在一定的服务盲区。

1.1.4 城市小学空间布局方法的局限

2012年新修订的城市用地分类标准出台，原属于居住用地的中小学用地调整到教育科研用地内。但是城市小学布局遵循的技术规范《城市居住区规划设计规范》GB 50180—93（2002版）近20年并未更新，在规划实践中存在局限性。

1. 目前城市小学布局遵循的基本原则

根据义务教育制度，城市各片区的适龄儿童都应该公平的享受教育资源。城市小学教育设施布局满足以下原则：公平、均衡、就近与安全。

（1）公平

按照国家相关规划，义务教育设施如小学、初中应为每一个适龄学生提供一个学位，小学、初中的入学率均要求达到100%。小学教育设施区别于其他公共服务设施的分级分层要求，仅一个功能层次，完全按照服务人口和服务半径进行配置的公共服务设施，表现出空间全覆盖和无分层设置的空间特征，体现了公平、均衡的配置原则。

（2）均衡

学校的服务学生数决定了学校的规模。学校规模要与其服务的人口规模相适应，才能满足居民使用和发挥项目最大的经济效益。按照《城市居住区规划设计规范》GB 50180—93（2002版）一个居住小区就要配套一个小学，也即一所小学为1~1.5万居民服务。相关建设指标依据居住区公共服务设施千人指标进行配套，保障了空间均衡。

（3）就近

依据就近入学的原则，《城市居住区规划设计规范》GB 50180—93（2002版）规定"小学服务半径不宜大于500m"。《中小学设计规范》（GB 50099—2011）也规定"城镇小学完全小学的服务半径为500m"。这些是城市小学空间布局的重要依据。相比起其他城市公共服务设施，城市小学具有"点多面广结构均质"的特点。

（4）安全

《城市居住区规划设计规范》GB 50180—93（2002版）规定走读小学生不应跨过城镇干道、公路及铁路。《中小学设计规范》GB 50099—2011规定与学校毗邻的城市主干道应设置适当的安全设施，以保障学生安全跨越。中小学校的校园应设置2个出入口。出入口的位置应符合教学、安全、管理的需要，出入口的布置应避免人流、车流交叉。有条件的学校宜设置机动车专用出入口。中小学校校园出入口应与市政交通衔接，但不应直接与城市主干道连接。校园主要出入口应设置缓冲场地。

虽然这些布局原则体现了人文关怀，但是自上而下的理性规划方法与现实之间仍存在一定的矛盾。由于基础教育设施是按照居住区、居住小区、居住组团分级配套，居住单元是按照物质边界划定的，忽略了人的构成与行为选择，存在城市小学布局配套不足或者配套不均衡的现象。

2. 平均的配置方法忽略人口变化和家庭需求

城市小学校布局规划的最基本、最首要的内容就是合理预测城市中心区小学适龄学生人数。然而，人口规模变化、人口结构调整以及外来人口等都对小学的服务人口预测产生影响。尽管《城市居住区规划设计规范》GB 50180—93（2002版）提出"针对不同人群需求进行差异化配置"的原则，但在实际操作上仍然采用依据千人指标进行社区公共服务设施的配置方法，这种统一标准、忽略居民多样化需求的做法，造成实际使用中社区公共服务设施错配的现象。

人口规模与结构的变动对学生人数的影响非常明显。首先，生育政策的调整、生育高峰期波动等都会引起对城市小学数量的变化。其次，城镇化使得区域人口加速向城市积聚，外来人口的增加对学生人数的影响非常明显，使得中心城区就学压力加大等。还有，在城市不同的功能区，相同人口规模的居住社区，人口结构的不同将会产生不同的生源比例，小学校的规模和数量常有较大不同。

学校及其周边用地布局不同，对家庭通学出行的影响也不同；家庭社会经济特征不同，其家庭出行需求也不同；目前的城市小学布局方法难以应对多元的家庭需求。

3. 社区内布局方式与城市公益用地性质的不适应

根据2012年新修订的《城市用地分类与规划建设用地标准》GB 50137—2011（2012年1月1日实施），原公共服务设施用地大类按照用地的公益性和非公益性分成公共管理与公共服务设施用地（A）和商业服务业设施用地（B）两类。义务教育的中小学用地原属于居住用地（R）中公共服务设施用地（Rx2）[①]，现在调整为公共管理与公共服务设施（A）的教育科研用地（A3）内中小学用地（A33）。中小学用地性质的改变体现出：1）对基础教育设施用地的重视，强调中、小学用地的公益性属性；2）保障用地可操作，还可满足公共财政对教育直接投入政策的需要（表1-1）。

① X 代 表 1、2、3、4；R12、R22、R32、R42 指的是四类居住用地中的公共服务设施用地（包含教育、医疗卫生、文化体育、商业服务、金融邮电、社区服务、市政公用和行政管理八类设施等）。

表 1-1

城市用地分类与规划建设用地标准 （GB J137—90）			城市用地分类与规划建设用地标准 （GB 50137—2011）	
代号与名称			代号与名称	
R 居 住用地	R1	一类居住用地	A	公共管理与公共服务设施用地
		R12公共服务设施用地		
	R2	二类居住用地	A3	教育科研用地
		R22公共服务设施用地		
	R3	三类居住用地		A33中小学用地
		R32公共服务设施用地		
	R4	四类居住用地		
		R42公共服务设施用地		

当城市小学用地调整到公益性用地中的教育科研用地时，正是对其公共产品属性的回归。城市小学应该是面向城市全体公民的共享，面对城市服务的。但是，依据《城市居住区规划设计规范》GB 50180—93（2002版）规范的中小学教育设施空间配置方法，城市小学布局仍然是社区内向型布局模式。那么，城市公益性教育设施用地性质与社区内向型空间布局两者之间存在一定的矛盾。

4. 教育设施标准存在局限

教育设施规划标准面临的主要问题：一是体系不健全，国家层面缺乏覆盖城乡、涵盖所有层级、系统全面的规划标准；不同规划阶段工作的层面和内容不同，规划所依据的标准也不同，并且这些标准制定部门也不同；现行规划各个阶段规划相互分割，缺乏统一；不利于从整体角度指导同类设施的统筹规划和建设。教育设施在国家层面的规范主要有：《城市用地分类与规划建设用地标准》GBJ 50137—2011、《城市公共设施规范》GB 50442—2008、《城市居住区规划设计规范》GB 50180—93（2002年版）、《城市普通中小学校校舍建设标准》（建标〔2002〕102号）和《中小学校设计规范》GB 50099—2011。城市总体规划或者分区规划阶段，参照的标准是《城市规划编制办法》、《城市用地分类与规划建设用地标准》GBJ 50137—2011和《城市公共设施规范》GB 50442—2008，确定公共服务设施用地及其分类的构成比例和人均用地面积的控制。在控制性详细规划阶段，根据《城市居住区规划设计规范》GB 50180—93（2002年版），确定教育设施的用地面积和建筑面积。在修建性详细规划阶段，依据各行业标准，如《城市普通中小学校校舍建设标准》（建标〔2002〕102号）和《中小学校设计规范》GB 50099—2011，确定空间布局、建设标准和日照要求（表1-2）。总体来说，缺少城市教育设施总量预测和总体布局的规范内容；现行标准对于微观层面城市教

表1-2

规划阶段	编制内容	规划标准
总规阶段	1. 在市域城乡统筹发展战略中提出公共服务设施建设方面的城乡协调的建议； 2. 提出主要公共服务设施布局；总规强制性内容；确定人均用地面积与公共服务设施所占用地比例； 3. 编制相关专项规划（教育设施布局）	《城市用地分类与规划建设用地标准》GBJ 50137—2011， 《城市公共设施规范》GB 50442—2008
控规阶段	1. 确定地块规划控制指标：建筑高度、建筑密度、容积率、绿地率等； 2. 确定公共设施配套要求，主要针对居住用地；确定各类设施的用地面积和建筑面积	《城市居住区规划设计规范》（GB 50180—93）2002年版
修规阶段	1. 进行建筑空间布局和单体设计； 2. 对建筑进行日照分析	《城市普通中小学校校舍建设标准》（建标〔2002〕102号），《中小学校设计规范》GB 50099—2011

资料来源：根据《城市用地分类与规划建设用地标准》GBJ 50137—2011、《城市公共设施规范》GB 50442—2008、《城市居住区规划设计规范》GB 50180—93（2002年版）、《城市普通中小学校校舍建设标准》（建标〔2002〕102号）、《中小学校设计规范》GB 50099—2011整理得出

育设施规划与建设失去指导意义。

二是已有教育设施标准不统一：单项设施的行业标准与综合性标准在设施类型、名称、配置口径与指标等方面不完全一致，影响了城乡规划对公益性公共服务设施空间的系统化优先保障，进而影响了政府提供公共服务的质量、效率和水平。教育设施布局规划指标体系主要包括班均人数、服务半径、生均建筑面积、千人学生数和生均用地面积等。班均人数45人和500m服务半径，在各类规范中的规定相近，而且在实践中也反复验证了其合理性，行业内对这两个指标基本达成共识。生均建筑面积，主要是建筑学科的研究内容，在教育设施布局规划时大多为直接引用。千人学生数、生均用地面积，代表着教育设施需求与供给的辩证关系，已经成为教育设施布局规划指标体系中的关键因素，但在行业内存在较大的争议。

《城市居住区规划设计规范》GB 50180—93（2002版）仅对与居住区配套的服务设施制定了相关标准，指标区间值幅度过大、配置标准与特定服务人群的对应性不足。《城市普通中小学校校舍建设标准》（建标〔2002〕102号）和《中小学校设计规范》（GB 50099—2011），人均建设标准也不统一（表1-3）。

另外，行业性的、地方性的教育设施配置标准与国家标准也缺乏一致性。例如：义务教育标准化建设规划主要指标参考数值中，小学生均校舍建筑面积标准4.15m^2。其中，小学生均教室建筑面积标准（1.4～2.1），小学生均宿舍面积标准（2.5～5），小学生均食堂面积标准（0.5～1.5），小学生均厕所建筑面积标准（0.15～0.5）。可以看出指标的区间值幅度很大。另外，为遵循中央节约集约用地制度，《西安市人民政府关于进一步推进土地节约集约利用的通知》（市政发

不同规范中城市小学的配建标准比较

表 1-3

	城市居住区规划设计规范（GB 50180—93/2002）	城市普通中小学校校舍建设标准（建标〔2002〕102号）			中小学设计规范GB 50099—2011，其前身是《中小学建筑设计规范》GBJ 99—86		
批准部门	建设部	教育部、建设部、国家发展计划委			住房和城乡建设部		
主编部门	建设部	教育部			住房和城乡建设部		
服务半径	小学服务半径不宜大于500m；	根据学校的规模、交通及学生住宿条件等原则确定。学生能就近走读；具有较好的规模效益和社会效益；特殊情况特殊处理			城镇小学完全小学的服务半径为500m		
班额人数	45人	45人			完全小学每班45人，非完全小学每班30人		
学校入口区	走读小学生不应跨过城镇干道、公路及铁路。	学校主要出入口的位置，应便于学生就学，有利于人流迅速疏散、不宜紧靠城市主干道。校门外侧应留有缓冲地带和设置警示标志。			学校周边应有良好的交通条件，有条件时宜设置临时停车场地。与学校毗邻的城市主干道应设置适当的安全设施，以保障学生安全跨越		
学校规模（班级）	12班	18班	24班	12班	18班	24班	30班

	城市居住区规划设计规范			城市普通中小学校校舍建设标准				中小学设计规范			
生均用地面积（m²/人）	≥11.11	≥8.64	≥7.41	26	20	18	17	市中心	11.3	10.3	9.4
								一般地段	17.9	14.6	12.6
生均建筑面积（m²）	—			基本标准： 12班，≥6.6 18班，≥5.8 24班，≥5.4 30班，≥5.2		规划标准： 12班，≥10 18班，≥8.3 24班，≥7.9 30班，≥7.2		—			
服务人口	1～1.5万人			—				—			
交通安全	学生上下学穿行城市交通时，应有相应的安全措施			中小学生不应跨越铁路干线、高速公路及车流量大、无立交设施的城市主干道上学				与学校毗邻的城市主干道应设置适当的安全设施，以保障学生安全跨越			

资料来源：根据《城市居住区规划设计规范》GB 50180—93/2002、《城市普通中小学校校舍建设标准》（建标〔2002〕102号）、《中小学设计规范》GB 50099—2011整理得出

〔2013〕47号）对西安市教育用地控制指标提出要求，如表1-4所示。这些指标未对低值做限定，在实际实施中会存在就低不就高的问题。

三是用同一国家标准来指导各地的实践存在一定局限性。在市场经济条件下，不同地区和城市之间由于经济水平和人口构成的不同，其对教育设施的需求也是千差万别的；此外，各部门对教育设施配置的标准不统一，除了国家规划建设部门颁布的标准之外，各省的教育行政主管部门也相继颁布了地方性文件。由于各部门、地方的立场及关注重点不同，导致各地对教育设施用地需求的判断标

学校类型	建设规模	生均用地面积（m²/人）
学前教育	≤10班	≤15
	10～20班	≤14
	>20班	≤13
小学	≤18班	≤20
	18～24班	≤17
	>24班	≤15
初中	≤18班	≤29
	18～24班	≤27
	24～30班	≤25
	>30班	≤23
高中	≤18班	≤31
	18～24班	≤29
	24～30班	≤27
	30～36班	≤25
	>36班	≤23

注：学校工程项目的容积率不宜低于0.7。

资料来源：《西安市人民政府关于进一步推进土地节约集约利用的通知》（市政发〔2013〕47号）

准不同，各规范的相关指标也呈现出较大的差异性。现行教育设施标准的不统一，对于指导建设失去控制。

1.1.5 儿童友好空间影响城市可持续发展

儿童作为未来劳动力主体，其健康水平和教育素质，对未来城市竞争力与可持续发展具有重要的战略意义。我国第六次全国人口普查结果显示，0～14岁人口虽比2000年普查结果略有下降，占比达到16.60%，约2.22亿人，按照城市化水平计算，有一半生活在城市里。如此数量庞大的群体，在公共竞争中却处于劣势。在我国过去城市发展过程中，追求经济效益，却对儿童空间的考虑不足。

将儿童作为重要的空间使用者，儿童福祉在国际上备受瞩目，儿童权益成为衡量城市发展水平的重要方面。1959年第十四届联合国大会上通过了《儿童权利宣言》，对儿童发展产生了重要影响。联合国1989年提出、1990年实施的《儿童权利公约》明确了儿童权利，并且还对缔约国明确提出了应该履行的义务，且具有法律的约束力。城市空间要保障儿童权利，实现儿童空间利益的优先权和最大化。根据《儿童权利公约》，儿童的四大权利包括生存权、发展权、受保护权力和参与权。如果将这些权利对应到城市空间，具体为：

（1）生存权表现为住宅空间、居住区环境以及居住区周边的环境；

（2）发展权表现为各类教育机构（包括幼托、中小学校、公共设施）、公共交往场所、户外活动空间；

（3）受保护权主要体现为城市交通、城市公共安全、环境卫生等；

（4）参与权体现为在有关城市、社区、学校和家庭决策过程中，儿童的参与程度以及他们话语的受重视程度。

其中，前三项都与城市空间有直接相关。1996年联合国儿童基金和联合国人居署共同制定"国际儿童友好城市方案（CFCI）"的决议，成为儿童友好城市空间建设的标准，其发展理念也得到全球范围的广泛认可。已有400多个城市已经获得儿童友好城市"（CFC，Child Friendly Cities）"国际秘书处的认证。儿童友好城市是以原有城市为基础，将儿童的需求纳入街区或城市的规划中，重点保护儿童以下空间权利：可以独自在街道上安全行走；与朋友见面和玩耍；生活在一个未受污染和有绿色空间的环境中。

在我国，2004年6月9日建设部公布《居住区环境景观设计导则》，专门对儿童的游乐场地进行了详细的规范，国内开始面向儿童群体进行城市公共空间设计。2011年国务院印发《中国儿童发展纲要（2011—2020年）》。越来越多的城市开展"儿童城市"的相关探索与实践，在物质和社会特质方面提供、满足儿童和青少年的成长需求。总体来说，国内对于城市空间中儿童的关注，还处于起步阶段。

我国在儿童友好城市建设的起步阶段，城市应该为儿童的需求做出积极尝试，从宏观和微观几个层面，共同组织起一个面向儿童的城市空间网络。儿童城市最大的受益者不仅仅是儿童，也是城市所有的公民和城市本身。儿童城市对于儿童的健康发展，建设健康城市等人居环境，都具有积极的意义。

1.1.6 研究问题

我国城市小学布局依据的是佩里的"邻里单位"理论，其核心原则是步行可达均好、免受机动车威胁以及小学规模与邻里匹配。我国城市小学布局原则中也体现了与邻里单元一致的规划理念和人文关怀。但是，城市小学具有占地面积大、区位固定和耐久性的特点，一旦建成长期无法调整。城市小学布局，未能动态适应城市空间以及家庭需求的变化。主要体现在：

（1）城市小学"住—教"空间联系模式和空间机会模式发生变化。根据《城市居住区规划设计规范》GB 50180—93（2002版），城市小学是直接为居住地人口服务的公益性设施，与居住用地在空间上保持着相互对应的关系。计划经济时期，在社会空间均质的条件下，依据千人指标和空间服务半径布置原则，可以很好地实现义务教育设施空间均等化和居民就近原则的时空可达性。然而，在市场经济转型期，在社会空间组织变化、城市空间扩张、住房市场的多样化发展、交通出行方式多元化、优质教育资源的分布不均等等背景下，家庭"住—教"空间联系模式和空间机会模式发生了很大的变化，家庭通学出行可达性差异较大，城市小学家庭机动车通学出行的占比较高，而选择公交出行的并不多。加之，我国城市小学普遍存在着空间分布不均衡与教育资源分布不均衡的情况，学校资源的闲置和配建不足这两种局面并存，城市小学的服务范围呈现一定的差异性，甚至一些城市小学规划服务半径与实际服务范围并不匹配。通学出行需求的多元化，使得城市小学布局方法面临新挑战。

（2）城市小学与周边用地配套表现出不适应。不同时期的城市布局理念不同，不同城市小学及其周边用地布局有较大的差异性。随着旧城更新和城市发展，既有城市小学周边用地的功能、规模也在发生迁移与转变。老城区一些城市小学布点已难以匹配经过改造后的城市建成环境；而新开发地区，城市小学建设滞后居住空间开发，新建住区以大规模门禁小区为主，表现出与旧城区截然不同的建成环境特征。静态的、独立的、标准化的城市小学布局与建设，难以适应不同城市环境的发展。不同建成环境下的城市小学也表现出不同的通学出行需求。

在不断变化的城市环境中，城市小学及其周边用地布局如何满足多元的家庭通学出行需求，是提升城市公共设施服务水平和城市品质过程中面临的问题。通学行为是家庭主观出行意愿与客观时空制约的双重结果。只有从家庭活动行为与城市空间的互动关系中，才能找到城市小学空间布局的内在规律，为完善城市小学布局、提高居民使用可获性提供新思路。

本书尝试以家庭通学行为需求为出发点，以城市小学服务圈为研究对象，通过用地、交通和设计的一体化规划手段，优化与规划城市小学服务圈用地布局，促进家庭通学步行出行，保障家庭通学出行的健康、安全与便捷，增加儿童的体力活动与社会交往机会，缓解机动车接送为学校附近交通带来的拥堵与混乱问题，降低工作家长接送儿童的时空制约压力。另外，也通过城市小学服务圈空间品质的提升，一定程度上抑制择校热度，促进教育设施均衡布局。

1.2 国内外研究综述

在城市不同的发展阶段，城市小学布局的理论基础以及研究重点也不同。从最初关注小学的步行可达范围到近期的通学出行、与建成环境互动影响下的空间布局合理调整等，其考虑因子不断深化，研究内容不断丰富。

1.2.1 国外城市小学布局研究综述

国外城市小学布局研究源于佩里的邻里单元，城市小学布局强调基于步行的可达性；随20世纪上半叶城市蔓延，郊区大学校使得家庭通学出行距离加大，精明增长的支持者提出基于扩大的步行可达的社区小学布局模式；时空行为等理论的产生发展，使得基于个体可达性的城市小学布局研究逐渐兴起，通学行为对于小学布局的优化作用日益强化，因此，基于二者互动关系的研究已成为近年来的研究热点。

1. 早期教育设施配置思想的萌芽

1898年，英国人霍华德（Howard）发表了《明日的田园城市》，在其田园城市的构想中提出了"在居住区中应设置文化设施"的概念。随后，嘎涅在1917年提出的"工业城"方案中，也出现了一种"将居住建筑和主要的服务设施结合在一起的用地单位"的萌芽。霍华德和嘎涅关于城市基础教育设施分布的探索，较早反映了把住宅和与其相关的生活服务设施联合成一个组织综合体的居住区规划设计构想，是配套公建思想的萌芽。

2. 邻里单元理论与学校布局标准

美国人佩里（Clerance Perry）于1929年提出了"邻里单位"的理论模型，创造了全新的社区模式，并针对规模、边界、开敞空间、公共服务设施、商业设施和内部道路系统等6要素提出了设计原则（图1-1）。邻里是居民聚落体系中最基本的空间单元，具有空间性和社会性双重属性。它既是一个明确的地域概念，也是人

图 1-1 独栋住宅的邻里单元示意图

图片来源：MCDONALD N C. School Siting:Conterted Visions of the Community School [J]. Journal of the American Planning Association 2010, 76（2）:184-199.

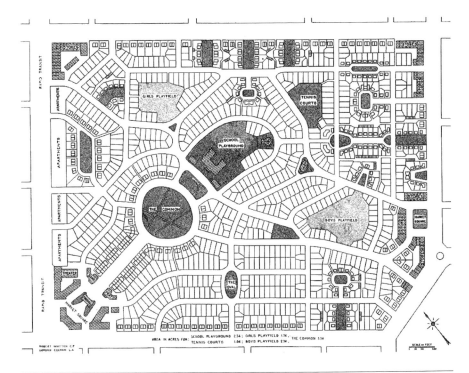

Figure 1. Schematic of a neighborhood unit for modest dwellings.

Source: Perry, 1929/1974, p. 36. (© Regional Plan Association; image used with permission.)

美国教育、规划和公共卫生部门的学校面积导则 表1-5

来源（作者或机构）		最小地块面积（英亩）			
		年份	小学	初中	高中
教育	Cooper	1925	—		
	纽约及其周边地区区域规划委员	1929	5	8	12
	美国校舍建设委员会	1949	5[a]	10[a]	10[a]
	美国校舍建设委员会	1953	5[a]	10[a]	10[a]
	美国校舍建设委员会	1958	5[a]	20[a]	30[a]
	美国校舍建设委员会	1964	10[a]	20[a]	30[a]
	国际教育设施规划师委员会	1969	10[a]	20[a]	30[a]
	国际教育设施规划师委员会	1976	10[a]	20[a]	30[a]
	国际教育设施规划师委员会	2004	灵活处理		
规划	美国规划官员协会	1952	5[a]	10[a]	10[a]
	Chapin	1957	5[a]	10[a]	20[a]
	Chapin	1965	5[a]	10[a]	20[a]
	Chapin & Kaiser	1979	5[a]	15[a]	25[a]
	Kaiser Godschalk & Chapin	1995	7–8[b]	18–20[c]	32–34[d]
	Berke Kaiser Godschalk & Rodriguez	2006	7–8[b]	18–20[c]	32–34[d]
卫生		1948	8.2	—	
		1960	8.2	—	

注：a. 预估最终招生数每多100人，增加1英亩；b. 这个标准的上限为16~18英亩；c. 这个标准的上限为30~32英亩；d. 这个标准的上限为48~50英亩；

资料来源：诺伦·麦克唐纳，郑童，张纯.学校选址：社区学校的争议性未来［J］.上海城市规划，2015，（1）：112-122.

们在长期居住与相互交往中形成的社区关系。邻里单元对教育设施布局也产生了深远影响。佩里采纳了哥伦比亚大学两个教授有关就学距离和根据注册小学生数量来确定邻里规模的建议，确定了小学学校选址的关键因素：一是将小学为中心置于邻里中心，鼓励孩子们步行上学，但是步行距离不宜过远；二是让小学生免受机动车的威胁，邻里单元内部道路便于内部联系而又阻止外部交通使用；三是小学规模与邻里单位人口相匹配，并计算出小学占地规模在8英亩左右。邻里单元模式成为城市小学空间布局的理论基础，得到了广大规划师的认同和推广。

从此以后，教育设施的主要关注点在学校的建设规模上。教育、规划、卫生等部门也纷纷对学校建设提出建议。美国公共卫生协会（APHA）在1948年和1960年出版的《邻里规划》中引用了邻里单元里小学的规模。美国校舍建筑委员会（NCSC）于1922年成立，其主要任务是建立学校的建筑标准，现在称为国际教育设施规划师委员会（CEFPI）。该组织在1930，1949，1953，1958，1964年间，发布了一系列非常具有影响力的《学校规划指南》（NCSC），指引美国各州的学校建设。导则建议的学校面积不断扩大，基于几个原因：（1）基于孩子教育发展的需求：持续扩展的教育、体育等项目，要求提供更大的占地面积；（2）基于服务社区的需求：学校应该服务于整个社区（community），而不仅限于邻里（neighborhood），"运动场、图书馆、健康中心和邻里俱乐部"等社区设施可以与学校设施共建；（3）基于居民使用的需求：上学机动车出行的增加也使得学校对停车面积、落客（drop-off）面积的需求更大；（4）基于学校未来发展的需求：现在和将来学校建筑都要求学校应有足够的备用空间；（5）规模经济；等等。

但是，小学占地10英亩，严格限制了在城市已建成区规划学校用地的可能性，现有的一些城市学校因无法满足面积需求而面临关门的境地；大的学校只能建在城乡结合部。学校蔓延①加剧了城市郊区化发展，步行、自行车、公共交通可达性都很差，支持了私人小汽车的使用率；并且在新建学校周边也带来大量的房地产开发。精明增长支持者倡导去除州学校面积导则。为了应对城市学校蔓延的问题，国际教育设施规划师委员会（CEFPI）在2004年颁布了新的导则，除去了最低面积要求，使得学校设计更具弹性（图1-2）。

3. 精明增长理论与社区学校

随着城市和学校蔓延，带来的负面影响日益显现。精明主义倡导者认为当代美国学校蔓延（School Sprwal）的趋势导致传统的邻里学校（neighborhood school）无法生存。从20世纪30年代起，尽管小学和初中的学生人数增加了一半，但是美国的学校的数量却锐减了65%还多。到1980年代，传统的社区学校逐渐被服务于整个城镇的若干大规模学校所取代。出现这些变化的原因包括实现种族融合的尝试，居住的分散化、低密度开发模式，以及节省学校建设的资本等。另外，学校派位政策允许家庭在认为现有学校不能达到他们期望的情况下选择更好的学校，择校增加学校设施规划的不确定性，并且导致不正常的结果——学区为了吸引更多学生而过度建设学校。择校行为还使得以社区学校的定义出现问题，如果一个学校中的学生大部分都不是居住于附近的社区，那它是否能称为以

①　学校蔓延（school sprawl）：指的将学校建设得规模很大，并且校区范围扩张而远远大于社区的范围。

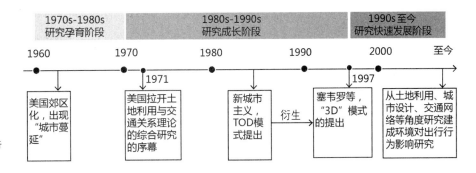

图1-2　建成环境对出行行为影响研究进程

社区为中心的学校就受到怀疑。

国际教育设施规划师委员会和环保局（2004）共同出版了《成功社区的学校：精明增长的要素》（Schools for Successful Communities：An Element of Smart Growth）一书，指导地方"将精明增长的原则融入教育设施规划的过程中"，从而能建成"以社区为中心的学校"（community-centered school）该学校具有如下特征：（1）位于邻里内部，面积较小，提供高质量的教育资源，学生能安全地步行或骑自行车上学；（2）能较好地融入所服务的社区中，作为社区中心，在放学后为社区提供活动场所，也鼓励公众广泛参与到学校设施规划中；（3）经过精心设计，与周边邻里的尺度和设计都很融洽，能很好地利用现有资源，包括具有历史感的教学楼。

但是，精明增长倡导的"社区学校"也遭到诟病，批评者认为原先选址主要考虑的因素是孩子们不宜步行过远和免受机动车的威胁，这样的社区没有考虑种族差别、教会学校、教育程度差别，更没有考虑关于良好教育所构成要素和成本的差异，会加深种族隔离。

4. 时空行为理论与学校可达性规划

"二战"以后，高福利国家面临着大规模的城市化，对"生活质量"（quality of life）的日益重视，对在时—空间上公平配置公共设施的诉求增加。20世纪60年代后期，瑞典地理学家、区域科学与区域规划学家哈格斯特朗（T Hagerstrand）及其领导的隆德学派提出了时间地理学，正是因为其研究如何在时空间上公平配置公共设施而受到政府的重视。

时间地理学的早期规划应用最为著名的是在1970年代对瑞典卡尔斯坦德市（Karlstad）实证研究，被称为PESASP（Program Evaluating th e Set of Alternative Sample Paths）。也即为了制定交通规划方案而开发的计算机模拟模型，以时间和空间中个人路径的集束等时间地理学的基本概念为基础，对现实环境或假想环境下日常活动日程的各种可能性进行模拟和评价。其中，土地利用、交通系统、营业时间以及工作时间变化对最后出行选择结果产生影响。它运用个体活动信息和区域空间资料，假设居民在规定的通勤时间内，步行或利用公共汽车在上班或回家的途中去幼儿园接送小孩，计算不同居住区居民就业的可达性。雷恩陶普（Lenntop）基于时空棱柱的概念最早提出个体时空可达性，他在模拟试验中发现市民可达性与城市教育设施配套以及土地交通一体化调整关系密切，通过新设公共汽车路线或重新配置幼儿园等空间调整措施来达到公平利用服务设施的目的。1977年马尔滕松（Martensson）在研究社区影响儿童成长的方式时，注意到儿童的一天的时间安排，应用时间地理学方法进行分析。艾莱嘉尔德、哈格斯特朗和雷恩汤普（Ellegard K，Hagerstrand T and Lenntorp B）三人在研究瑞典的日常人口移动时，利用时间地理学框架，提出有关单位及学校的提倡活动安排的设计方案。日本学者神谷浩夫（Hiroo K）于1990年代通过日本大都市区家庭活动日志调查，发现教育设施可达性对承担家庭照顾责任的已婚职业妇女约束明显，提出延长公办托儿所的营业时间以及在地铁站附近建设一些托儿所的建议，以此减弱家庭照顾责任对已婚妇女回归劳动力市场的制约。基于时空行为视角的教育设施布局利于家长的日常出行。

时间地理学从个体及家庭行为角度，将教育设施与城市交通、用地结合起来，为教育设施布局提供了一个全新的视角与方法。

5. 新城市主义与通学出行研究

在20世纪70年代后，美国"城市蔓延"式发展，过度依赖汽车出行导致的空气污染、气候变化以及居民过度肥胖影响身体健康等问题日益突出。为了改变蔓延式发展的负面作用，城市规划师们提出了新城市主义理念。最引人注目的模式是传统邻里区开发（Traditional Neighborhood Development，简称TND）和注重使用公交的邻里区开发（Transit-Oriented Development，简称TOD）。这两种开发模式的出发点是一致的，即建立公共中心，形成以步行距离为尺度的居住社区。政府以及规划学者希望通过政策与环境干预人们的出行，即通过城市规划缩短居住地和出行目的地之间的距离，鼓励步行和公交出行，减少小汽车使用以及小汽车交通带来的土地浪费问题。在这样的政策导向下，建成环境和交通行为的研究致力于为这些替代模式的实施提供实证依据。1971年，美国交通部提出"交通发展和土地发展"的研究课题，揭开了土地利用与交通关系理论的综合研究序幕（图1-2）。通过建成环境引导可持续的交通出行成为国际社会发展的一个趋势。

国外于20世纪80年代开始儿童通学行为研究，其中较早介入的是公共健康领域，他们认为通过建成环境的改善可促进体力活动如步行和骑车的出行。随后，交通与城市规划领域也开始从交通管理政策、建成环境等方面关注儿童通学出行。学生上、下学的通学出行是城市交通出行的一种类型，也发生着巨大转变。根据2001年美国国家住房交通出行调查（NHTS）数据显示，年龄在5～15岁之间的孩子步行或自行车上学的比例，由1969年的42%到2001年的低于15%。美国疾病控制预防中心（CDC）的调研数据反映出，就近居住的学生步行或者自行车上学的比例也在下降，年龄在5～15岁之间的、居住范围在1km内的学生步行或自行车上学的比例，由1969年的90%降至2001年的31%。

相比于成人，儿童与青少年出行方式更容易受建成环境的影响，同时其出行行为会对家庭出行链产生影响，从而可能影响整个人群的出行方式。因此，探索可促进儿童步行与骑车出行的建成环境并对其进行规划介入显得更加重要与有效。

规划领域最早建立起建成环境与通学出行方式影响关系框架的是麦克米兰（Mcmilan），她于2005年根据通学出行行为的差异性提出新的概念框架：通学出行很大程度上是家长决策的过程，并且从中介因素（mediating）和缓和因素

（moderating）两方面解释了相关因子如何影响建成环境与通学出行的关系。但是该框架忽略了儿童本身所起到的决策作用，并且缺乏对影响通学出行行为决策的建成环境因素的探讨。2008年，潘特（Panter）等基于因子生态学方法的实证研究，认为家长与儿童共同参与了通学出行行为决策过程，建立了由儿童个体因素、建成环境、外部因素及调节因素四个主导因素建构的通学出行影响机制概念框架，并将建成环境属性分为三个方面，即邻里环境属性、目的地及周边环境属性及路径环境属性。潘特提出的框架虽对通学出行方式相关因素有全面的总结，但并未解释通学出行决策与生态模型中不同层级环境因素之间的影响关系。为了克服这一缺陷，米特拉（Mitra）应用社会生态模型理论与方法，构建了通学出行行为模型（BMST），从个体、家庭、建成环境及外部环境四个维度综合分析影响通学出行行为的因素，将建成环境分为临近性、安全性、连接性、舒适性与吸引性及社会资本5个方面，去探讨建成环境与通学出行之间的影响关系（图1-3）。相比于传统单一层次的因素分析，社会生态模型能从多维度综合分析通学出行的影响因素，被推广应用于国内外公共健康与城市规划领域行为研究中，建成环境对体力活动的影响的研究得到很大发展。

建成环境测度分为客观要素与主观感知。对于儿童来说，对环境的感知，尤其安全性、健康性的感知，对其通学行为的影响比成人会更加显著。并且，客观建成环境与行为影响关系中牵涉着人主观认知的影响，主观认知比客观要素具有更强的解释力度。然而，目前研究中对于儿童通学出行的研究以建成环境的客观测度为主，缺乏儿童主观感知维度的测度。

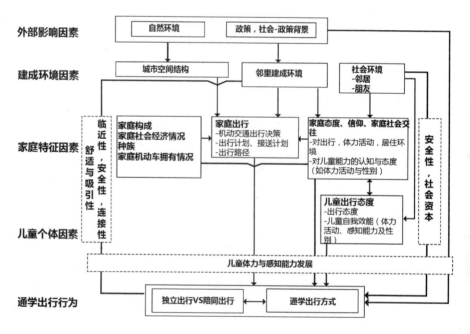

图1-3 米特拉儿童活力通学出行决策概念模型
图片来源：迈克尔.索斯沃斯.许俊萍译，周江评校.设计步行城市［J］.国际城市规划，2012，27（5）：54-64.

通学出行研究在我国还刚刚起步，但是具有重要现实社会意义，不仅可以促进儿童体力活动及其健康问题，更重要的在于在教育资源配置的不均衡以及建成环境的差异所造成的"学区房"、"中国式接送"等社会问题下，通过建成环境的改善提供一个可让家长放心让孩子独自上下学的通学环境，一方面减小了工作家长接送儿童的通勤压力，另一方面可缓解机动车接送为学校附近交通带来的拥堵与混乱问题，同时也可增加儿童的体力活动与社会交往机会，促进居民的低碳出行，对于提升居民生活质量、城市交通环境具有重要意义。

1.2.2 国内城市小学布局研究综述

我国城市小学布局方法受到国外研究理论的影响，在邻里单元和苏联扩大街坊的影响下，我国城市小学按照城市居住小区内的服务设施进行配套。

2012年随着《城市用地分类与规划建设用地标准》GB 50137—2011（2012年1月1日实施）出台，城市小学纳入到城市公共服务设施体系中。此时，我国整体层面上城市小学实现了总量供给均衡，城市小学布局的研究重点转向可达性的均衡，研究内容也从物质空间的均等化转向满足个体时空可达性的提升。研究从基于步行可达性的居住小区配套的教育设施、到强调空间均等化的城市公共教育设施，其中对均等化的研究经历了从物质空间均等向时空可达均等的转变。

1. 步行可达与居住小区内教育设施

（1）计划经济下的居住小区内教育设施

我国的教育设施空间布局原理源自"邻里单位"和苏联的"扩大街坊"，并且作为居住用地的服务配套设施得到普遍应用。

教育设施的配套建设标准采用"千人指标"和"分级配套"，在位置划分上以"服务半径"为依据。托儿所、幼儿园服务半径不超过300m，对应组团规模；小学服务半径不超过500m，对应居住小区规模；中学不超过1000m，对应居住区规模。对城市小学的安全性提出了较高要求，规定"走读小学生不应跨越城镇干道、公路和铁路"。

在改革开放前，我国居民工资较低、工资差别小，居民的需求层次比较低、需求差异也不大，居民出行方式也比较单一，不同单位社区之间具有较好的均质性。在这种背景下，步行可达的500m服务半径与千人指标的规划方法较好的指导了城市小学的布局。

（2）市场经济下对教育设施配置的反思

经济组织的多元化也带来社会的多元化，居民的居住需求也出现了分化趋向。居民对居住区公共服务设施提出了新的居住型态（设施类型、设施标准、设施分布）的要求。主要表现在：

1）配建指标：市场经济下居住区公共服务设施的配建指标的适应性开始被

学者们关注，调整的思路一是兼顾效率与公平；二是细化服务对象与需求；三是处理区域统筹与社区平衡。

2）建设方式：根据公用产品理论，分析公共服务设施的经济属性，从而确定供给机制、投资主体和建设主体。教育设施应归为公共产品，政府作为教育设施的建设主体有助于缓解利益冲突。

3）部门参与：生源和资源投资对教育部门在决策教育设施是否整合的影响很大。规划部门应与教育部门的共同合作，使教育部门全程参与规划编制、审批和报建流程，建立一个由教育部门参与配合的规划实施框架，保障了基础教育设施布局规划的有效实施。

2. 空间均等与城市教育设施

政府不断加强其社会管理和公共服务职能，城市公共设施作为重要的社会公益资源正日益受到学者的广泛关注。根据《城市用地分类与规划建设用地标准》GB 50137—2011（2012年1月1日实施），中小学教育设施用地属性发生转变，从居住用地（R22）转变为公共设施用地（A33）。这是教育设施用地作为公共产品属性的回归。

随着时代变化，越来越多的城市存在教育设施空间布局与居民实际需求不匹配的情况。教育设施过度集中在中心城区，其发展滞后于人口和产业的快速城镇化进程。家庭通学出行方式也发生了变化，教育设施"空间错配"的问题比较突出。由此带来居民出行承担的社会经济成本的提高，以及居民获得教育设施的壁垒进一步提高等社会问题。学者们开始从公平性、均等化角度展开教育设施的可达性研究。关于教育设施分布的空间合理性，主要是从设施供给的数量和区位上加以考虑、分析的，如张京祥以常州市乡村地区的基本教育设施为实证，提出了乡村基本公共服务设施（含教育设施）均等化的评价标准；胡思琪，徐建刚以时间和距离来构建教育设施均等化布局的定量评价模型，对教育设施的均等化布局进行实证研究；韦亚平、张晨等基于城市空间组织视角，通过教育设施配置的六项指标评价城区基础教育设施的空间服务状况；等等。

这些研究多数是基于物理可达性测度方法的空间公平研究，考虑了设施与个体日常生活位置之间的物质空间临近度，没有考虑公共服务和交通供给的时间变化，也没有考虑个体活动内部联系（出行链）、个体参与必要性活动等时空限制。通过设施的结构要素去评价其空间分布的合理性，但是从使用者的角度，从设施供给的数量和质量两方面综合分析公共设施空间合理性的研究还较为少见。

3. 时空可达与城市教育设施

随着社会的发展目标从单纯追求经济增长转向可持续发展，生活质量问题已成为个人和社会共同关注的焦点。居民居住区位与公共服务设施及其质量关联作用的日常生活路线距离，构成了居民的公共服务设施的区位机会结构，决定了公共服务设施的可获性水平。

时空行为研究为从个体行为角度研究城市规划提供了可能。时间地理学理论丰富了时空可达性的内涵。由于个体日常活动的数量和空间位置受各种因素，如可支配时间、必要活动（如上学、上班等）、与他人共同进行的活动等带来的时空制约，因此可达性不仅包括物理空间可达，还要在时间上匹配。由于考虑了空间、时间和人群的关系，更清晰的表达了个体之间可达性的差异，为城市教育设施空间配置提供方法。

国内城市小学"中国式接送"带来的交通拥堵、儿童健康等社会问题引起了规划领域对学龄儿童出行行为研究的关注。为儿童营造一个良好通学环境，也已成为城市交通、规划与管理亟待解决的问题。最早研究集中在通学出行特征和校车线路规划方面。近几年出现从个体出行角度研究教育设施布局的研究，王侠等基于时间地理学角度结合家庭通学出行路径对城市小学布局效率进行评价；何玲玲等探究了学龄儿童交通性体力活动与学校周边建成环境的相关性；等等。总的来说，国内基于个体和家庭行为的教育设施规划研究还较少。

1.2.3 研究趋势

总体来说，国内对城市小学的研究，多从供给模式和规划机制提出政策性的优化建议或调整后的指标体系，而针对服务对象展开的研究较少，基于空间行为视角的城市小学研究成果较少。随着城市规划对个体空间生活质量的关注，从个体空间使用角度对教育设施进行空间配置才能体现城市规划"以人为本"的核心价值。

1. 从使用者角度进行教育设施空间布局

目前关于教育设施分布的空间合理性，多数是从设施供给的数量和区位上加以考虑、分析的，然而教育设施更与其所提供的各项结构要素在空间上能否满足周边服务人群的使用需求有关。从国内外理论来看从使用者的角度，通过对教育设施的结构要素去评价其空间分布的合理性，从教育设施供给的数量和质量两方面综合分析空间合理性的研究是发展趋势。把居民生活行为规律与教育设施的空间布局结合起来，是教育设施配置规划的主导方向之一。

2. 教育设施与城市空间关系引起重视

城市空间结构变化带来的教育设施配置已从"量"的问题转向"质"的问题。"静态"的公共设施规模和布点已经不能满足人们的需求，而其空间配置的效率更取决于教育设施与城市社区土地、交通以及服务设施等之间"动态"的空间组织。在我国基础教育活动带来的城市空间组织问题逐渐引起关注。

1.3 基本概念

1.3.1 通学出行

通学出行的概念较早来源于国外研究文献，如"a child's trip to school"、"school travel"、"student travel"等。随后，我国也相继开始了通学出行的相关研究。

城市小学生通学出行是城市居民通勤的重要组成部分，具体指城市小学生每日上、下学交通出行。通学出行与一般成人通勤、非通勤出行研究有所差异，主要体现在：

（1）行为决策主体：不同于成人个体决定出行模式，儿童通学出行很大程度上的受到家庭决策的影响，也因此，通学出行研究对象不仅有儿童个体，还有家庭。

（2）决策影响因素：相比于成人出行决策中强调的时间与经济成本因素，通学出行决策还强调安全因素与健康因素。

（3）建成环境尺度：成人出行研究中，建成环境研究范围会在整个城市或片区范围，而对于有明确目的地与出行链的通学出行，建成环境的探究可集中在家庭居住地、学校及二者之间的路径物质空间环境上。

一些学生在放学后被接送至托管班，课程结束之后再由家长接送回家。本研究中通学出行特指上学是由住家到小学，放学是由学校或者托管班回家的时空路径。

儿童通学出行特征包括两个层面：出行主体与出行特征。出行主体包括独自上下学与他人接送上下学两种方式；出行特征包括出行方式、出行距离、出行时间、出行频率及出行链等行为特征（图1-4）。

出行主体包含家长陪同和独自上学两种通学出行方式，由于在年龄与心智上均未成熟，儿童尚不足以自己进行出行决策，因此通学出行往往由家长决策。根据中国的社会情况，大多数家庭通学出行会选择家长接送的形式，这是因为小学生自身生理、心理的特点，需要成人陪同；其次社会案件层出不穷，家庭往往出

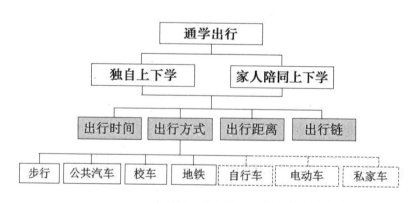

图 1-4 通学出行的特征

------------ 表示小学生独自上下学不能采取的交通方式

于安全的考虑陪同孩子；还有的家长是从情感角度陪同孩子上下学，等等。其中家长陪同通学出行又可分为上班家长与非上班家长陪同的两种形式。结合研究内容与调研数据，小学生单独上学的比例很少，主要研究家长陪同下的通学出行。

出行时空距离是指出行家庭的居住空间时空分布。每个家庭都会根据出行距离、出行成本以及不同出行方式的时间，决策出行主体与出行方式。

出行方式包含步行，非机动车（具体包含自行车和电动车），公交车（主要有公交车、地铁、校车和出租车等），私家车等四类方式。独自上学的小学生通常采用步行、校车和公共汽车的方式。

基于不同的住—教距离、家庭出行成本等考虑，很多对城市交通依赖较大的家庭选择中午在学校或学校周边寄宿，而离家近的家庭选择中午在家休息，形成一天两次"家—学校—家"，一天四次"家—学校—家—学校—家"两种出行频率。

1.3.2 建成环境

建成环境指人为建设改造的各种建筑物和场所，尤其指那些可以通过政策、人为行为改变的环境，通常包含三个组成部分：土地使用模式、交通系统和城市设计。汉迪（Handy）等将土地使用模式定义为各种社会活动在空间上的分布，通常将空间区域划分为工业区、商业区和住宅区等。交通系统指的是各种交通基础设施（比如人行道、公共交通、自行车道等）及其能提供的服务质量。城市设计关注城市内各种要素的空间安排及面貌，以及街道和公共空间的功能和吸引力。

塞韦罗（Cervero）和科克曼（Kockelman）于1997年提出3D模型，即从密度（density）、多样性（diversity）与设计（design）三个维度探讨建成环境与交通行为的影响关系。之后，尤因（Ewing）和塞韦罗（Cervero）又增加"可达性"（destination accessibility）与"换乘"（distantce to transit）两个变量，完善了5D模型。汉迪（Handy）等提出的建成环境的模型增加了使用者的体验，包含两个层面和五个维度。这两个层面指社区层面（Neighbo rhood）与区域层面（Regional），五个维度包括密度与强度（Density and intensity）、用地混合度（Land use mix）、街道连接度（Street connectivity）、街道尺度（Street scale）、美观度（Aesthetic qualities），区域层面的指标还包括区域结构（Regional structure）。

1.3.3 城市小学

从社会学角度看，小学指的是人们接受最初阶段正规教育的学校，是基础教育的重要组成部分。一般6～12岁为小学适龄儿童。

义务阶段的小学类型按照建设标准可以分为完全小学、非完全小学和九年制小学（表1-6）。完全小学指包括1～6年级的小学。九年一贯制学校是指小学和初中一起设置的学校。按建设投资可以分为公办小学和民办小学。公办小学由政府

	分类	解释
小学	完全小学 （elementary school）	对儿童、少年实施初等教育的场所，共有6个年级，属于义务教育
	非完全小学 （lower elementary school）	对儿童实施初等教育基础教育阶段的场所，设1年级～4年级，属义务教育
	九年制学校 （9-year school）	对儿童、青少年实施初等教育和初级中等教育的学校，共有9个年级，属于义务教育。其中完全小学6各年级，初级中学3各年级。属于义务教育

资料来源：《中小学校设计规范》GB 50099—2011

财政拨款、建设的学校，一般分为政府办学校、事业办学校，实行的是九年义务教育。民办小学由私人或私立机构投资，由当地政府和教育部门批准的学校。本研究所指的城市小学是城市中公办性质的完全小学。

城市小学服务半径与人口密度密切相关；当城市小学规模以及它所服务的人口规模在一定变化范围内，那么城市小学服务范围与人口密度呈现负相关。本研究界定为在城市高密度建成区内城市小学。

教育质量对城市小学空间布局的影响很大。城市小学教育质量的空间分布不均带来的家庭择校行为，而后者又加剧城市小学的空间不均衡，甚至产生"学区房"、"中国式接送导致的交通拥堵"等社会问题。择校行为也增加了学校设施规划的不确定性，因为教学质量好的学校会吸引更多学生而过度建设学校。本研究选取的城市小学是指西安市主城区内，教学质量较好，且彼此差异不太大的学区长小学，以减少样本间因教育质量对家庭通学行为的影响。

1.4 研究内容

1.4.1 研究对象

本研究选取城市小学服务圈为研究对象，原因如下：

（1）城市小学是为儿童提供教育福祉的城市公共服务设施，对国家培养高素质人才与可持续发展都意义重大。城市小学数量多，服务半径小，空间覆盖面积大，是义务教育设施的重要构成部分，也是体现城市居民可获得感的重要公共服务设施。城市小学的规划建设水平，可以反映一个城市提供公共产品的能力以及对城市儿童健康成长的关注程度。

（2）城市小学与城市居民日常生活紧密联系，影响学生健康成长和家庭日常生活质量。小学生每日上下学出行需要家长陪伴，对家长的时空制约明显。通学行为使得城市小学与家庭居住地、家长工作地等之间建立紧密的空间联系；城市小学及其周围建成环境，也影响家庭通学出行的品质与效率。通学出行是家庭重要的日常活动，多频次通学活动形成稳定的空间范围。根据城市小学家庭通学出行时空距离和频率，可以划分出以城市小学为核心的社会生活单元，即城市小学服务圈。

（3）处于一个城市小学服务圈的小学生家庭，基于共同的社会生活与人际关系，不同"住—教—职"空间要素组织在一起，形成了较稳定的社会生活区域。通过通学行为划定的城市小学服务圈，可以认知城市小学空间形成过程和内在机理，有利于建构城市微观空间与宏观空间的组织关系。

1.4.2 主要研究

基于主要研究问题，论文主要包括以下几个方面的研究内容：

第一部分（第1章、第2章）是在文献研究的基础上进行的论文研究框架的架构。首先，通过对城市小学布局的理论基础以及研究重点的梳理，得出研究趋势，即从时空行为和与城市组织的角度展开的城市小学空间布局研究。在此基础上，基于时空行为互动理论，构建了基于通学出行的城市小学服务圈布局研究的研究框架。

第二部分（第3章）分析西安市主城区的城市小学空间分布特征。从现状总人口与总小学数量关系来看，西安市小学总体数量供需平衡，但是仍然呈现空间分布不均衡状态；进而导致西安市城市小学时空可达性不均衡。从微观个体层面，从家庭通学角度完善城市小学布局，促进时空可达效率与品质，具有一定的现实意义。

第三部分（第4章）分析城市小学家庭通学出行时空特征。首先，通过调研以及数据汇总分析，得到家庭通学出行的一般特征以及家庭通学出行需求。其次，借助时间地理学的时空棱柱，可视化表达家庭通学出行活动路径，运用时间地理学的三大制约机制对家庭出行期望与空间约束的内在机制进行解释。进而揭示了家庭通学行为的"人—时间—空间"三者之间的紧密联系。总结家庭通学出行时空特征。

第四部分（第5章）基于通学出行的城市小学服务圈建成环境分析。首先，根据家庭通学时空距离，划定城市小学服务圈研究范围；其次，构建基于通学出行的城市小学服务圈建成环境指标体系；然后，对既有城市小学服务圈建成环境现状分析，从土地使用、道路交通、环境设计与学校建设四个方面阐述建成环境对通学出行的影响。总结不同类型城市小学服务圈建成环境对通学出行影响的共性因子。

第五部分（第6章）提出城市小学服务圈布局策略研究。首先，提出城市小学服务圈布局模式与布局引导策略。在此基础上，针对西安市既有小学提出时空优化策略；对新建小学提出布局建议。

1.4.3 技术路线

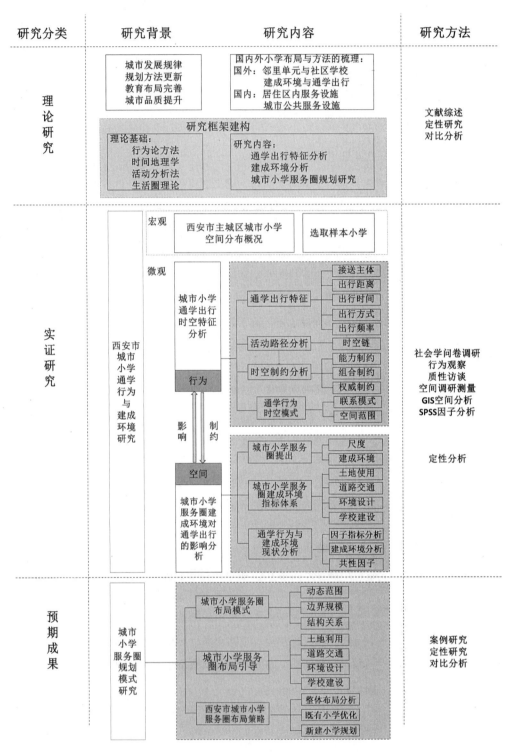

图1-5 技术路线图

1.4.4 关键问题

基于通学出行的城市小学服务圈空间布局研究存在几个关键问题，主要体现在：

第一，如何选取家庭通学行为特征的测度因子、并且有效获取城市小学家庭通学行为数据？如何从家庭通学行为特征中总结空间行为规律？

第二，城市小学服务圈范围如何界定？如何确定城市小学服务圈建成环境的综合测度指标？

第三，基于通学出行的城市小学服务圈布局如何优化调整与规划布局？

1.4.5 研究方法与数据

基于不同层面、不同内容，本论文采用了不同范畴的多种研究方法。

1. 理论与实践结合

采用文献分析方法，归纳出城市小学服务圈布局研究的理论框架。基于分析框架，以西安市为实例进行研究。

文献资料包括中英文专著、期刊论文[1]、硕博士学位论文检索[2]。凡引用公开发表的论著都在"参考文献"中列出，凡引用未发表论文、报纸新闻和内部资料，都在文末尾注中列出。统计数据包含：统计年鉴：包括西安市近10年统计年鉴；普查资料：包括西安市2000年第五次人口普查资料和2010年第六次人口普查资料；教育资料：包括近3年西安市教育统计年鉴。

2. 定性与定量结合

在对西安市城市小学总体空间布局分析层面，通过数理统计和ArcGis分析方法，分析城市整体层面布局的特征和存在问题。

在对西安市样本小学家庭通学出行特征分析层面，基于问卷调研数据，运用统计方法总结通学出行的一般特征。基于时空棱柱可视化图形分析方法，运用制约模型解释通学出行的时空制约机制。

在对西安市样本小学服务圈建成环境分析层面，通过对各项影响因子的数据分析，总结影响通学出行的建成环境特征。

3. 家庭活动日志与质性访谈的社会调查方法

通过家庭活动日志调研问卷、观察法以及质性访谈等社会调查方法获取家庭通学出行的数据。

（1）行为观察法：通过上学日在各个小学门口合理布点1~2名观察员，观察记录家庭通学出行方式的数据；

（2）家庭日志问卷：通过家庭活动日志获得家庭、学生通学出行信息。采用抽样方法，按照在学生数5%~10%的比例在每个学校发放家庭活动日志调研问卷，内容涉及家庭属性，接送主体出行特征、出行满意度和日常生活记录等，回收有效问卷504份。

---

① 中文期刊检索时间为1990—2017年，检索范围：规划学、地理学、人口学、社会学核心期刊和主要期刊。英文检索期刊时间为1960—2017年，检索范围：规划学类、地理学类、城市交通类等主要期刊。
② 硕士、博士学位论文检索：中国期刊网国内硕博士论文网，ProQuest博士论文全文数据库，国家图书馆博士论文库。

（3）质性访谈：在问卷基础上，每个学校针对5～10个家庭采取追踪深入访谈，详细询问一日之内的通学出行链、行为习惯和家庭通学出行满意度等情况。

（4）部门访谈：本研究与相关部门访谈，包括西安市教育局、西安市人民政府研究室、西安新城区规划局等。在与各类机构和人员访谈过程中，积累了可贵资料，并且对于西安市教育现状有了较为深刻的了解。

在2013年10月～12月期间对建大附小、翠华路小学和曲江一小展开家庭通学活动路径调研。2014年3月～4月期间对上述三个小学补充调研，又追加调研了后宰门小学、西师附小、南湖小学3个样本小学。

4. 现状综合调研的规划调查方法

采用城市规划的现状综合调研方法，对典型城市小学服务圈的土地使用、道路交通、环境设计以及学校建设等现状进行实地综合踏勘，绘制图纸，通过绘制、测量以及计算等方法获取建成环境数据，进行现状分析。

2.1 理论与方法基础

城市与人之间是一种交互关系，社会文化、政治经济以及物质环境等因素的制约，每一种制约或多或少是一种"隐藏"的结构，需要行为的背景加以阐述和研究。

长期以来，空间研究者对个人、群体的显性行为感兴趣，但是却忽略了空间情境中这些显性行为背后的复杂决策过程。1960年代开始，人文地理学研究从强调空间形态转向于强调空间过程，研究对象转向人类空间行为的决策及认知过程。研究者发现，人们常常没有选择和行为的完全自由，个体决策者是在受到制约的选择情形下、而非自由选择情形下的行动。过程导向的行为论方法认为：城市的建成环境中既存的和过去的空间系统中的物质要素是过去的和现在的无数决策的结果，决策的主体包括个人、家庭、组织和社会机构等。决策是在制约下产生的，反映了个人和社会的态度、价值观和信仰。城市客观环境包含了物质空间要素和空间中的行为。城市居民的日常生活由上班、家务、娱乐、购物等各种活动构成，这些日常生活行为所及的空间范围称之为行为空间或活动空间，与物质实体空间不同的是活动空间是一种无形空间。时空行为研究关注人的时空行为规律，关注个体的时空间制约，关注人的时空间行为决策机制；通过个体去把握整个城市的活动体系，并了解个人行为与城市空间之间的相互影响的互动关系；为理解时空中人类活动与城市环境的复杂关系提供了一个独特的视角。

"时空行为"互动论成为一种理解人与环境关系的范式（图2-1）。一方面，人类的行为置于复杂的城市空间之间，行为的认知、偏好及选择过程均受到空间的制约；换言之，时空行为是行为主体在城市空间制约下的选择结果。另一方

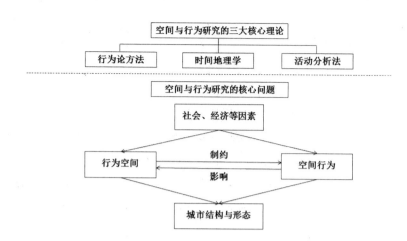

图 2-1 "空间—行为"
互动关系
资料来源: 1. 柴彦威. 中
日城市结构比较研究 [M].
北京: 北京大学出版社,
1999.
2. 柴彦威等. 空间行为与
行为空间 [M]. 南京: 东
南大学出版社, 2014.
根据以上资料整理整理修改

面, 由于行为主体的主观能动性, 人类行为对城市空间同样有塑造与再塑造的作用。因此, 城市空间是物质空间与人类行为空间的相互叠加、相互影响的综合表现。时空间行为研究的显著特征有:

（1）过程导向：研究的是个人、群体或者公共机构在空间情景中的决策过程。它研究了不同尺度环境下不同层次行为主体的选择和行为。有时候对微观层面的关注能够比从宏观层面的方法中获得更深层的理解和解释。

（2）满意人模型（satisficer）：传统的人文地理学关注由古典和新古典经济学家提出的经济行为的模型, 他们认为决策者是完全理性的客观因素束缚下行动的。西蒙（Simon）提出了满意人模型, 他认为："无论组织者学习和选择场所的行为的适应性有多强, 但远达不到经济理论中提到的理想的最大化状态, 他们并不寻求最优。"

（3）新的环境模型：行为模型除了受到外部环境制约, 还存在经济、文化、社会、政治、法律、道德等多维度的多重制约, 这些制约与客观环境强加的物质制约同样重要。

（4）"自下而上"的规律：行为研究者从个人开始, 在个人组成的群体中寻求普通大众, 在大众的基础上进行汇总, 然后寻求潜在的可能被用于修改已有理论或建立新理论的一般规律。

时空行为互动理论的认识论基础来源于社会—空间理论的指导, 强调社会与空间的相互作用; 而其方法论来源于行为主义地理学、时间地理学和活动分析法, 其中时间地理学是其最核心的方法论基础（表2-1）。

时空行为的研究与规划为构建人本城市提供了新的视角与方法, 强调对行为主体（政府机构、企业、家庭或个人）、个人非汇总行为的选择和制约过程的理解, 从而揭示个体与个体之间以及个体与城市空间相互作用的格局、过程与机理, 从微观到宏观重构一个用行为解读的城市空间, 有利于认识城市空间组织的

表2-1

	行为主义地理学	时间地理学	活动分析法
理论核心	强调主观偏好与决策过程（Golledge，1997）	强调客观制约与时空间利用（Hagerstrand，1970；Ellegard et al.2012）	强调活动–移动系统与规划应用（Chapin）
关注领域	居住迁移、日常活动与城市空间分析、弱势群体	个体的时空间行为模式；对行为现象进行社会与空间机制的解释。	行为空间模拟、移动–活动需求预测，面向城市规划与交通规划的空间优化与管理需求。

内在规律以及人类行动者对城市空间的影响作用。时空行为研究使城市研究者能够从个体日常生活经历的视角理解中国城市转型的过程和结果。时空行为理论认为"空间—行为"处于永远的互动过程中。通过时空行为的研究与应用，能够弥补基于土地利用的静态城市规划对人类日常活动考虑不足的弊端，能够促进城市规划及管理更加关注人的行为的制约与能动因素，深入了解居民个性化的服务需求，从而使城市规划更加精细。

2.1.1 时间地理学

时间地理学是时空行为理论的核心，它的诞生来源于理论与现实两方面的共同需求。20世纪60年代末，地理学家反思实证主义的汇总研究所带来的科学认识的局限性，重新审视汇总现象背后的个体差异、微观过程以及社会机制。由瑞典地理学家哈格斯特朗及其领导的隆德学派提出的时间地理学，通过一些概念和符号表现并解释时空间过程中人类行为与客观制约之间关系，旨在表现并解释时空过程中人类行为与客观制约之间关系的一种方法论。

时间地理学强调基于微观个体的分析，但其根本在于建立微观个体情境与宏观汇总模式之间的联系，即通过微观分析折射宏观问题。

1. 提出"时空间"概念

哈格斯特朗（Hägerstrand）提出个体在时空间中的运动形成一个连续、不可分、不可逆的行为过程。时间、空间二者高度关联，并且时间和空间都是一种资源，这种资源不仅有限而且不可转移。该理论认为人的活动是由一定时空间环境条件下的一系列连续并且相关的事件所构成的，在此基础上，通过三维的时空路径，研究各种物质及社会环境中限制人的行为的制约条件，阐明路径形成的时空间机制，以此来说明人的空间行为。戈里奇（Gollege）等指出时间地理方法是研究时间、空间和人类活动的一个"革命性"的方法。对于出行行为来说，这种方法在研究中引入个人活动的考虑，同时把时间分配和空间选择的概念相联系，同时提供了通过运用动态的地图来描述个人在时间和空间运动的路径的新的研究方法。

2. 开创个体时空行为可视化方法

哈格斯特朗发展出了一套在时空中表达微观个体连续行为过程及行为机制的

图 2-2 时空棱柱示意图
资料来源：柴彦威. 中日城市结构比较研究［M］. 北京：北京大学出版社，1999.

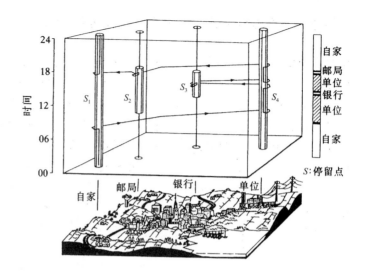

概念体系和符号系统——时空棱柱（space-time Prism）（图2-2）。时空间中的路径是对个体行为过程的模式化表达。而时空棱柱的形态综合反映出个体出发地点、移动速度、活动计划以及活动目的地所施加的组合制约等时空行为决策的微观情境性，是对个体行为所承受的生理、物理及环境制约的模式化表达。

3. 强调时空制约的行为观

时间地理学从根本上不同于行为主义理论强调个人"选择"与"能动性"，它认为个体活动不完全是强调行为的心理学机制下的价值选择结果，而是更注重"制约"的分析；不仅关注那些可以观察到的外部行为，而且试图去分析那些没有发生的计划行为以及行为发生以后企图改善的期望行为。基本观点是（1）一个人要满足需要，要从一个住所移动到另一个住所，而移动受到许多制约；（2）一些是生理上或自然形成的制约，另一些则是由于个人决策、公共政策及集体行为准则造成的制约。（3）个人通常只能部分地克服制约。

通过对个体决策过程的还原性认识，试图基于个体的结构性访谈、揭示期望与偏好理论，发现影响出行习惯的各类制约，进而寻求"解除制约、改变习惯"的路径，创造面向个体的出行决策支持。时间地理学理论这种"自下而上、突出个体，强调认知与决策障碍，给每一个人提供个性化的出行方案，解除制约、辅助决策"的思路，使时空行为研究成为规划应用的有力工具。

普雷德（Pred）将时间地理学的可能应用领域总结为四个方面：区域与景观评价研究，创新的空间扩散研究，人口迁移及城市发展研究和政治地理研究。国外的时间地理学在创新扩散、女性地理、福利地理、交通规划等领域有极大革新。

时间地理学早期研究强调个体行为在决策过程中所受到的制约。后期的研究加入了行为主体的情感因素、行为偏好等主观方面的因素。关美宝认为只有把情感、价值、信仰都整合为地理空间实践的一个组成部分，才能引导人们建立一个非暴力的、公平的世界。

基于GIS的分析工具和高质量个体时空行为数据的发展，大大促进了时空行为研究的主题多样化和应用工具化。随着国内外时空行为研究的数据采集、计算挖掘、三维可视化与时空模拟等理论与技术的不断革新，时空行为研究日益呈现出研究数据多源化、研究方法科学化、研究对象个体化、研究主题应用化等趋势。

时空行为研究关注微观个体，对个体差异更为敏感，并且结合时空，贴近日常生活，因此对于政策分析，解决社会公平问题有着显著优势，也对其他相近学科产生着持续影响。时空行为研究已经应用于交通行为决策、与交通相关的社会排斥问题、交通出行的排放等环境外部性问题等研究之中。时空可达性被用于评估城市公共服务设施的时间和空间配置对不同人群活动计划实现的影响的差异性，进而解释社会公平问题和社会分异等问题。另外，这种日常生活的地理学对其他相近学科产生着持续影响，如儿童地理学、老年地理学、女性地理学、赛博地理学、福利地理学、健康地理学、犯罪地理学、企业地理学等。

2.1.2 活动分析法

活动分析法（human activity approach）通过移动出行将日常活动在时间和空间维度上连续统一起来，突出出行行为与城市功能结构的相互影响；随着其理论和方法的日益成熟与深化，成为城市空间结构、城市规划和城市交通研究等领域的热点。

活动分析法是美国城市学家蔡平（Chapin）给出城市活动系统（urban activity-travel system）的概念框架，其理论基础是蔡平（F. S. Chapin）的活动动机的社会评述和哈格斯特朗（T. Hägerstrand）时间地理学；它是以个体或家庭为基本视角，关注行为偏好、制约因素与目的地属性，提供了可解释居民出行决策机制的理论基础与模型，应用于个体活动模式的决策过程及其空间制约的研究中。

活动分析法的明确定义是：（1）人们为了完成相应的生产和生活，产生了进行各类活动的需求。由于活动在空间的分布是不均的，为了完成特定的活动，从而产生了出行的需求。也就是说出行是活动的派生行为；（2）同时这种活动和出行又是受到包括活动发生的特定时间、特定地点以及活动的其他参与者三个因素的显著影响；（3）活动和出行及其影响因素都必须纳入到特定的时空制约的背景中考虑。

由于活动分析法认为出行是活动需求的派生，土地利用对交通需求的影响本质上是通过活动对出行的作用产生的，因此应注重分析一系列有序的活动与出行按照先后顺序依次连接起来的全过程，即注重对于出行链（Trip Chain）或巡回

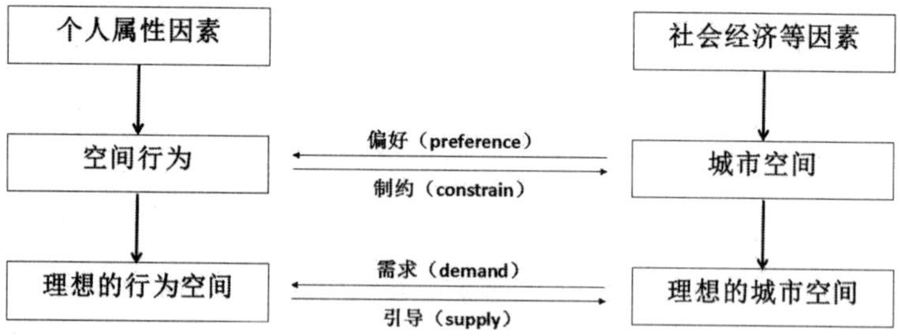

图 2-3　基于移动—活动行为的城市空间分析框架
资料来源：申悦.城市郊区活动空间 [M]. 南京：东南大学出版社，2017

（Tour）的分析。而固定性活动，如上学、上班等，往往是构成巡回的根本。

　　活动分析法推进了出行行为研究的发展，由于通学出行往往同时伴随着接送者活动及派生行为，活动分析法对于研究通学出行有着重要应用意义。有不少学者认为通学过程受到制约，活动分析法有利于解释环境、偏好和交通出行的关系。也因此将通学出行行为研究纳入活动分析法的理论框架下进行研究。

2.2　分析的两个维度

2.2.1　注重制约的通学出行分析

　　时间地理学的制约模型为个体行为制约提供了依据。时间地理学认为一个人要满足需要，一般从一个驻所移动到另一个驻所，然而，这个移动受到了很多制约，主要包含三种：能力制约（capability constraints）、组合制约（coupling constraints）、权威制约（authority constraints）。

　　能力制约是指个体自身能力或者使用工具能够进行的活动是有限制的，主要是睡眠、用餐等生理性制约和移动所受到的物理性限制等。在特定时刻特定地点存在的个人在一定时间内可能移动的空间范围，称为可达范围（reach）。可达范围上加上时间轴后，移动可能的空间范围，可用时空棱柱（prism）来表示。个人每天在时空棱柱中活动，棱柱的边界也随着个人停留的驻所不同而不同。在工作、消费和与娱乐的每次停留都决定了棱柱的边界。边界也随着停留时间的长短不同发生变化。

　　组合制约是指个人或集体为了从事某项活动而必须同其他的人或物的路径同时存在于同一场所中的制约。组合制约基本决定了时空棱柱中的路径，决定了个人在何时、何地必须要与其他个人、工具、设施相结合以便进行生产、消费及社会交往。几条路径的组合，成为活动束（activity bundle）。个人一旦选择了职业和工作地点，其活动时间就要受一定的时间表的限制。各种场所的开放时间、公共交通的发车时间变化或某个驻所的定位等会引起人的行为的各种时空调整。

权威制约是指法律、习惯、社会规范等把人或物从特定时间或特定空间中排除的制约，来自哈格斯特朗成为"领地"（domain）的概念。领地可以是一个时空间复合体（柱体），其中的事物及发生的活动受到一定的制约。领地的存在是为了限制过多的人进入，以保护自然资源或者人工资源，并且使活动组织更有效率。

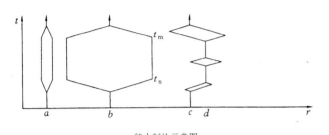

a、b为家庭所在地点。在离家及回家时间相同的前提下，a表示步行时，要保证按时上班，准时下班（上班时间为t_n，下班时间为t_m）工作地点的可选范围很小。b表示乘车时，可选范围较大。而c为家庭所在地，d为工作所在地。

能力制约示意图

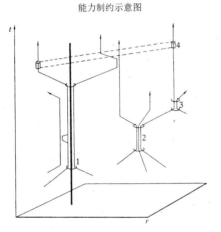

1、2、3、4表示四个组合，其中1、2、3是几个人到某一地点聚会形成组合，而图4是两个人通过通信手段联系形成组合。

组合制约示意图

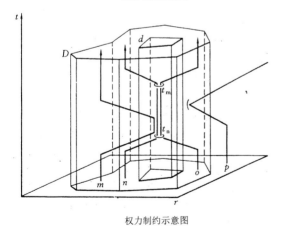

m、n、o、p分别代表几个人的路径。D代表高级领地（如一个城市），d代表刺激领地（如一个服务设施或商店）。d提供的服务可能只对D领地的居民，而p就不可能得到服务。

权力制约示意图

图2-4　三大制约示意图
资料来源：柴彦威. 中日城市结构比较研究 [M]. 北京：北京大学出版社，1999：26-29

2.2.2 影响通学出行的建成环境分析

政府与学者们希望通过政策与建成环境的改善干预人们的出行，减少小汽车使用，促进儿童体力活动的发生。由于儿童通学出行行为与成人出行决策之间存在差异，近年来，学者们结合生态学理论与方法，从个体因素、社会因素、建成环境因素等维度构建社会生态模型，以解释通学出行与建成环境之间的互动关系。

环境心理学认为建成环境通过影响人对环境的感知间接影响出行行为。麦吉恩（Mcginn）等认为建成环境的测度维度包括物质空间的客观测度（objective）与人对环境的感知测度（perceived）。目前研究中对于儿童通学出行的研究以建成环境的客观测度为主，缺乏儿童主观感知维度的测度。

建成环境的衡度因子多种多样：1997年，塞韦罗（Cervero）在总结以往TOD规划原则的基础上提出了"3D"因子，即密度（Density）、设计（Design）、多样性（Diversity）"，探讨建成环境同交通行为的影响关系，为之后建成环境与出行行为研究奠定了基础。尤因（Ewing）与塞韦罗（Cervero）增加"目的地可达性（destination accessibility）"与"到交通设施距离（distantce to transit）"将"3D"扩展为"5D"理论，也相继有学者扩展需求控制（demand assignment）"6D"及人口特征（demographic）"7D"因子。汉迪（Handy）等则提出通过密度与强度（density and intensity）、土地混合利用程度（land use mix）、街道连通性（street connectivity）、街区尺度（Street scale）、美学（aesthetic qualities）、区域结构（regional structure）等6个因子衡度建成环境。巴尼特（Boarnet）与萨米恩托（Sarmiento）及剑桥系统等则细化了土地利用与城市设计要素衡度因子。

密度（density）包含人口密度、建筑密度、路网密度与路口密度等。混合度（diversity）包含土地混合度和交通出行方式多样性等。设计（design）公共空间设计以及交通设施的设计等。交通设施设计，包括自行车道专用设施、人行过街设施、自行车租赁点、监视系统等设施，以及公交站布局、学校入口到公交站点的距离等。可达性（destination accessibility）在研究中常用到城市中心距离的指标表示目的地可达性。距离（distance to transit）在研究中通常用到公交站点的距离和到地铁站点的距离来表示。

建成环境与儿童出行的有相互影响关系，但是不同的指标和研究方法会产生不同的效果，且结果往往是双向的（见图2-5），这也使得目前建成环境因子对出行行为的影响结果具有不确定性。因子之间的相互关联以及影响结果的不确定性，使得规划研究中关注因子整体作用以及社会生活单元的系统性分析更为必要，可有效规避单一因子作用产生的不确定性及多向结果对分析问题判读带来的影响。

建成环境因子	预期关联	客观测度物理活动				描述性测度物理活动				总计
		文献数量				文献数量				
		+	0	-	+%	+	0	-	+%	+%
休闲娱乐环境										
公园(可达性/密度/临近性)	正相关	23(4)	30(4)	0(0)	43	4(1)	8(2)	0(0)	33	42
休闲设施(可达性/密度/临近性)	正相关	7(3)	10(4)	0(0)	41	11(2)	0(0)	0(0)	100	64
邻里建成环境										
目的地土地利用混合度	正相关	---	---	---	---	25(4)	13(2)	0(0)	66	66
居住密度	正相关	4(1)	5(1)	0(0)	44	23(8)	8(4)	3(1)	68	63
道路连接性	正相关	4(1)	12(4)	5(1)	19	5(3)	10(4)	0(0)	33	25
可步行性	正相关	---	---	---	---	3(1)	0(0)	0(0)	100	100
交通环境										
步行/骑车设施	正相关	8(3)	13(4)	3(1)	33	4(1)	1(1)	0(0)	80	41
设计车速/交通容量	负相关	---	---	---	---	14(2)	7(2)	0(0)	67	67
行人安全	正相关	0(0)	2(1)	4(1)	0	8(1)	1(1)	0(0)	89	53
社会环境										
犯罪与个人安全	正相关	3(2)	13(4)	0(0)	19	---	---	---	---	19
暴力/障碍	负相关	0(0)	5(2)	0(0)	0	4(1)	2(1)	0(0)	67	36
其他										
素食主义	正相关	3(2)	5(2)	0(0)	38	4(1)	0(0)	0(0)	100	58
总计		52	95	12	33	105	50	3	66	50

"+"表示文献研究结果与预期关联一致；"0"表示文献结果表明没有明显关联性；"—"表示文献研究结果与预期关联相反；"+%"=文献结果与预期关联一致的文献/总文献数量

图 2-5 建成环境因子与儿童出行影响关系统计
资料来源：Copperman R B, Bhat C R. Exploratory Analysis of Children's Daily Time-Use and Activity Patterns: Child Development Supplement to US Panel Study of Income Dynamics [J]. Transportation Research Record Journal of the Transportation Research Board, 2007, 2021 (2021): 266-268.
根据以上资料整理修改

2.3 通学出行与城市小学及其周边用地布局分析框架

家庭受教育政策、城市环境、家庭社会经济特征等的约束，选择了子女就学的城市小学。子女就学于同一小学的家庭，其与小学及其周边环境产生了密切关联。通学行为将家庭、小学等物质空间要素有机联系在一起，形成一个以城市小学为核心的社会生活单元。

通学出行反映使用者与小学布局动态、互动关系，是影响学校布局的因素之一。首先，儿童通学出行方式容易受家长出行模式的影响，其出行行为也会对家庭出行链产生影响，从而可能影响整个人群的出行方式。其次，学校布局与通学出行的关系体现在：学校、住家和通学路径所构成的建成环境，决定了出行距离、出行时耗与出行品质等，出行距离与出行时耗是影响通学出行方式的主要因素；通学出行不仅仅是主观选择的结果，也是基于建成环境影响下的家庭出行决策。因此，城市小学与其周边的布局影响通学出行方式，通学出行可以反映城市小学与周边用地布局的绩效。

家庭通学行为是家庭主观决策与建成环境制约的双重结果，一方面家庭成员构成、特征（社会地位、职业、收入、家庭小汽车拥有量等）以及出行偏好等都会直接影响通学行为决策；另一方面，城市小学与住区、工作地这些空间要素之间的时空联系方式，也影响家庭成员的空间感知与出行决策，制约家庭出行方式的选择（图2-6）。目前儿童通学出行的研究以建成环境的客观测度为主，本研究也是侧重建成环境的客观测度。

从建成环境因子的多层次和影响家庭通学出行的建成环境要素入手，侧重从社会生活单元尺度研究建成环境对家庭通学的影响关系，通过对家庭通学出行以及城市小学及其周边用地建成环境分析，基于家庭通学出行需求，统筹城市小学周边用地与交通，以促进城市小学家庭通学出行（尤其是步行或者公交出行），实现城市更新过程中城市小学布局方法的完善。

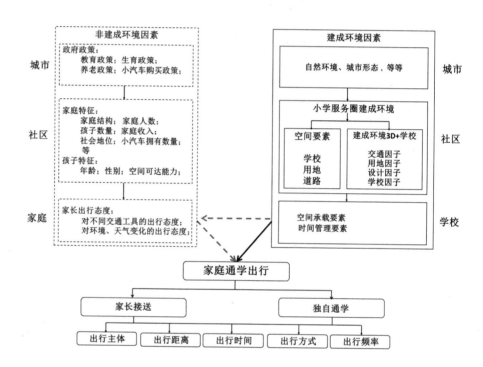

图2-6 通学出行与建成环境的关系

2006年新修订的《中华人民共和国义务教育法》第一次以国家法律的形式提出"义务教育均衡发展"的思想。西安市主城区城市小学布局受到建校时间、不同时期教育政策等影响，城市小学整体空间分布并不均衡。研究通过对中心城区近年来城市小学的空间布局研究，总结西安市城市小学空间布局特征。

3.1 西安市城市小学基本情况

3.1.1 西安市概况

西安是陕西省的省会，西北的龙头城市。古称"长安"、"镐京"，地处黄河中上游，关中平原中部，北濒渭河，南依秦岭，八水润长安。位于中国大陆腹地黄河流域中部的关中盆地，东经107°40′～109°49′和北纬33°39′～34°45′之间。是陕西省的政治、经济、文化中心。总面积10108km²。2016年末常住人口883.21万，其中城镇人口648.54万。西安市是西北地区第一大城市，城市密度高、建成环境复杂多样。以行政区域为划分对象，根据距离西安市中心的远近，将西安市分成3个区域层次：主城6区，包括新城区、碑林区、莲湖区、雁塔区、灞桥区、未央区；近城区，包括临潼区、长安区、高陵区和蓝田县；远城区，包括阎良区、周至县和户县（图3-1）。

西安是中国西北地区重要的中心城市。西安在我国区域经济网络型发展体系"三纵三横"骨架中，位于二级增长极上，是我国东西两大经济区域的结合部，以西安为中心的关中经济区是我国内陆最发达的区域之一。随着区域铁路、航运的发展，西安与长三角地区、与西南地区的经济往来会进一步加强。所以，西安既是该地区的产业、物流、交通、信息和高新技术的研发中心即增长极，又是科学、技术、教育、文化、卫生、体育等现代文明和生活方式的辐射源。

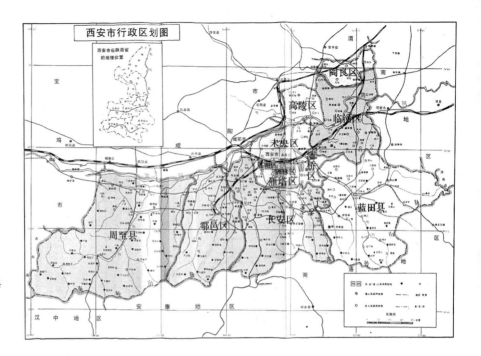

西安在西北五省省会城市中,小学生人数和小学校数量等最多,建成环境复杂,以西安为研究城市选取西安市进行城市小学的研究具有典型性(表3-1)。

西北五省省会城市小学教育概况　　　　　　　　　　　　　　　　　　表 3-1

省会名称	GDP（亿元）	总人口（万人）	小学生数（万人）	万人在校生数（人）	学校数（个）	校均生数（人）
西安	6257.18	883.21	59.79	641	1190	502
兰州	2264.23	370.55	21.2	656	515	412
银川	1617.71	219.11	16.76	749	203	826
西宁	1284.91	235.50	15.03	640	142	1058
乌鲁木齐	2743.82	222.61	22.07	991	130	1698

资料来源: 根据各市统计局官网2017年国民经济和社会发展统计公报和各市统计年鉴2017年整理得出

3.1.2 城市小学类型全面数量多样

西安市小学数量多、类型全面。2016年,西安市全市小学数量1190所,在校生55.1万人。公办小学有教育部门办学、其他部门办学、地方企业办学等几种类型,共1126所。民办小学64所,另有17所小学统计在中学的一贯制学校中,其中九年一贯制10所,12年一贯制7所,另有附设小学班4所。近几年民办小学数量呈上升趋势(表3-2)。

　　　　　　　　　　　　　　　　　　　　　　　　基于家庭通学出行的西安市小学服务圈布局研究

西安小学校数量 表3-2

	合计	城区				镇区				乡村			教学点
		教育部门	其他部门	地方企业	民办	教育部门	其他部门	地方企业	民办	教育部门	其他部门	民办	
新城区	35	32			3								
碑林区	43	38			5								
莲湖区	47	42			5								
雁塔区	75	62			13								2
灞桥区	79	70	3		5					1			2
未央区	64	57			7								3
阎良区	23	11				3	1			8			1
临潼区	106	36				1				66	1	2	42
长安区	137	55			6	2				74			14
高陵区	70	27			1	8			1	32	1		4
蓝田县	212					43				169			67
周至县	149					22			2	120		5	
户县	107					36			4	66	1		23
沣东新城	43	20	1							19		3	3

资料来源：2016西安市教育统计年鉴

西安市主城区城市小学的空间分布与建成时间呈现一定的相关性，随着建成时间远近呈现从中心向外辐射的规律；建校历史久远的学校大多分布在新城、碑林、莲湖这三个老城区内，中华人民共和国成立后单位建设的小学多分布在二环以内，近年来新建小学主要在城市新区和城市主城区外围（表3-3）。

2016 年西安市主城区城市小学空间分布 表3-3

	小学数量（个）	一环内	二环内	三环内	三环外
新城区	40	10	16	14	0
碑林区	43	7	31	4	1
莲湖区	49	13	20	16	0
雁塔区	82	0	28	40	14
灞桥区	92	0	0	10	82
未央区	91	0	8	52	31
城六区	**397**	**30**	**103**	**136**	**127**

资料来源：西安市教育局网站

西安市"五区一港两基地"2013—2016新规划的36所中、小学校，其中规划的20所小学建设后将填补未央区和雁塔区小学数量配置不足的缺位，缓解了学生就学方面的压力，但灞桥、长安区中小学供需缺口依然较大。

3.1.3 主城六区城市小学生数集中

1. 全市的常住人口：总体缓慢增长，空间分布不均

1980年实施人口计划生育以来，中国人口出生率持续较低（表3-4）。人口政策生育率[①]1.3-1.5的占主导地位。长期的低生育水平虽然控制了人口总数，也导致年龄结构发生变化。根据2010年的六普数据，我国人口结构的少子化和老龄化问题同时存在，并且远远超出预期（郭志刚2011；朱勤2012）。根据《中国2010年人口普查资料》公布结果，全国、城镇和农村的综合生育率分别是1.18、0.98和1.44。但是，城市具有吸纳大量青壮劳动力的特点，我国农村人口向城镇地区转移，大量年轻劳动力和各种人才向作为社会经济发展中心的大城市集中，城市的常住人口基本呈现正增长趋势，城市的少子化和老龄化的矛盾比农村地区要缓和一些。

全国及分城乡常住人口的年龄结构变化（单位：%）　　　　　　　　　表3-4

年龄组	1990			2000			2010		
	全国	市镇	县	全国	市镇	县	全国	市镇	县
0～14	27.69	22.33	29.59	22.90	18.42	25.52	16.61	14.08	19.16
15～59	63.74	69.53	61.68	66.64	71.90	63.57	70.07	74.24	65.85
60+	8.58	8.15	8.73	10.46	9.68	10.92	13.32	11.69	14.98
总计	100.00	100.00	100.00	100.00	100.00	100.00	100.00	100.00	100.00
总抚养比	56.90	43.83	62.12	39.08	39.08	57.32	42.72	34.70	51.85

资料来源：郭志刚. 我国人口城镇化现状的剖析——基于2010年人口普查数据［J］. 社会学研究，2014，29（01）.

[①] 1990年初，在制订全国及各省"八五"（1991～1995）人口计划时，为了确定各地人口预测的主要参数——总和生育率（TFR），曾引入了一个量化的参数来描述各地的生育政策规定的生育水平：即一个地区如果完全按照政策的规定生育，该地区平均每个妇女终身生育的孩子数，简称为该地区的政策生育率。

总体来看，西安市的常住人口呈缓慢增长趋势（表3-5），近5年人口增长呈加速态势。其中，0-14岁青少年比例逐年下降，65岁以上老人比例逐年上升（表3-6）。2016年末西安市常住人口883.21万人，户籍总人口824.93万人，其中，男性人口453.42万人，占51.3%；女性人口429.79万人，占48.7%，性别比为105.34（以女性为100，男性对女性的比例）。全年出生人口10.12万人，出生率为11.54%，自然增长率为6.14%。城镇人口648.54万人，占73.43%。

西安市主城区常住人口变化　　　　表 3-5

统计年	常住人口（单位：万人）							
	2009	2010	2011	2012	2013	2014	2015	2016
新城区	60.91	59.01	59.23	59.44	59.64	59.86	60.33	60.91
碑林区	64.94	61.62	61.87	62.08	62.23	62.40	62.89	63.87
莲湖区	70.56	69.86	70.13	70.25	70.43	70.68	71.23	72.23
雁塔区	115.53	117.98	118.48	118.89	119.29	119.74	120.96	123.11
未央区	78.59	80.72	81.14	81.46	81.84	82.28	83.05	85.08
灞桥区	57.49	59.56	59.87	60.16	60.50	60.82	61.39	62.73
城六区	448.02	448.75	450.72	452.28	453.93	455.78	**459.85**	**467.93**
全市	843.46	847.41	851.34	855.29	858.81	862.75	870.56	883.21

数据来源：西安市统计年鉴2017

西安市人口变化　　　　表 3-6

年份	各年龄段人口比重（%）			总抚养比（%）	常住人口（万人）
	0~14岁	15~64岁	65岁及以上		
1990	25.71	69.08	5.21	44.76	617.95
2000	22.27	71.26	6.47	40.33	741.14
2010	12.89	78.65	8.46	27.15	847.41
2011	12.57	78.33	9.10	27.66	851.34
2012	12.54	78.02	9.44	28.17	855.29
2013	12.46	77.88	9.66	28.40	858.81
2014	12.52	77.46	10.02	29.10	862.75
2015	12.56	76.94	10.50	29.98	870.56
2016	12.76	76.35	10.89	30.97	883.21

数据来源：西安统计年鉴2017

西安市人口空间分布的基本情况如下。

（1）整体分布

西安市常住人口空间密度分布不均匀，人口密度分布呈现圈层式、由中心向外围的逐级减弱（表3-7），局部空间分布上表现为中心城区高度的集聚状态，带动周边城区的人口增长。即新城区、碑林区和莲湖区人口密度最大，环绕中心城区人口密度逐渐减少，周至县和蓝田县人口密度最小。根据6普西安市各街道办人口数据，借助GIS分析，得出西安主城区人口密度空间分布示意图（图3-2）。

图例

—— 道路中心线
—— 行政边界
—— 三环
· 六区内小学
六区人口密度
<值>

	0-1,500
	1,500-4,000
	4,000-10,000
	10,000-20,000
	20,000-30,000
	30,000-40,000
	40,000-50,000
	50,000-60,000
	60,000-70,000

图3-2　西安市主城6区
人口密度分布图

　　基于国际经验，用人口密度可以识别城镇空间格局。张欣炜等认为人口密度＞1500人/km²，且城镇化率＞70%的区域可以作为中心市；周一星等提出了中国城市实体地域的概念，包括城市统计区、城镇统计区和城镇型居民区，其中城市统计区所设定的标准是2000人/km²（非农水平高的地区为1500人/km²）。日本在1960年人口普查提出了人口集中地区（densely inhabited district，DID），定义是人口密度达到4000人/km²的基本调查区邻接，所形成的人口总量达到5000人以上的区域。借鉴上述研究成果，选取两种人口密度指标：1）城市统计区的人口密度，即1500人/km²（主城区非农水平高的地区）；2）人口集中区密度，即4000人/km²。西安市按照人口密度大致可以划分三种空间区域：平均人口密度超过4000人/km²的区域，即主城四区的碑林区、新城区、莲湖区和雁塔区；人口密度在1500～4000人/km²之间的区域，如未央区、灞桥区；人口密度低于1500人/km²的区域，如高陵区、阎良区、临潼区、长安区、户县、蓝田县、周至县（表3-7）。可以看出，西安市主城4区平均人口密度在4000人/km²以上。

　　（2）增长速度

　　西安市人口自1990年以后人口趋向于集中，但是增长趋势较慢，但各区县增长速度表现不一，老城三区新城区、碑林区、莲湖区人口呈现递减趋势；而灞桥区、未央区、雁塔区、阎良区、长安区等城市新区与郊区人口逐年增加。

	用地面积（km²）	常住人口（万人）	人口密度（人/km²）	备注
碑林区	23.37	63.87	27330	城市集中区 人口密度＞ 4000人/km²
新城区	30.13	60.91	20216	
莲湖区	38.32	72.23	18849	
雁塔区	151.44	123.11	8129	
未央区	264.41	85.08	3218	中心市， 人口密度在 1500～4000人/km²
灞桥区	324.50	62.73	1933	
高陵区	285.03	35.11	1232	市郊 人口密度＜ 1500人/km²
阎良区	244.55	29.08	1189	
临潼区	915.97	68.18	744	
长安区	1588.53	114.11	718	
户县	1279.42	57.44	449	
蓝田县	2005.95	52.86	264	
周至县	2945.20	58.50	199	
西安市	10096.81	883.21	875	

资料来源：根据2017年西安市统计年鉴整理得出

（3）人口空间相关性

西安市主城区大多数人口空间分布存在空间正相关，呈现出人口密度与建筑密度显著相关的集聚特点，即人口密度大的区域趋向与高密度区域邻接，人口密度低的区域与密度小的区域邻接，具有显著的空间关联性。比如："高—高集聚"地区主要有碑林区、莲湖区、新城区等城市中心地带．这是因为西安市中心是人口高度密集区域，经济发达、服务设施以及交通便利等，具有较大的向心效应，带动周边邻近区域人口的增长。随着西安的发展，其城区（碑林区、莲湖区、新城区）的人口快速增长，呈现出人口的高密度聚集区。人口密度"低—低聚集"区，主要是城市中心区外围的区县，其人口密度小于城市中心区，表现出明显的低密度聚集区。还有一些区域，如未央区、雁塔区以及灞桥区等，它们自身人口密度不算大，但受城市新区发展的影响，呈现"低—高聚集"，有负相关的趋势。

2. 全市小学生人数：小学人数回升，学校数量减少

由于幼龄人口与教育设施的关联度较高，因此一个地区人口结构的变化会影响小学的数量和布点。根据近年来西安市年鉴数据，西安市小学在校人数自1995年以来到2012年一直下降趋势，2012年以后在校人数开始上升（表3-8）；小学总数量自1995年以来一直呈现减少的趋势；专任教师人数从2007的峰值也开始下降。

西安市小学教育基本情况 表 3-8

	学校数量（个）	在校学生数（万人）	专任教师（人）	每万人口在校小学生数（人）	进城务工随迁子女人数（万人/比例）
1990	2343	61.87	29090	1016	—
1995	2360	79.36	30270	1224	—
2000	2323	77.81	30215	1131	—
2005	1980	60.47	29674	815	—
2006	1929	59.33	30018	788	—
2007	1872	56.8	30533	744	—
2008	1781	54.7	30382	708	13.4/24.5%
2009	1666	52.5	30334	672	13.4/25.52%
2010	1531	51.6	29944	660	13.8/26.64%
2011	1424	51.4	29900	604	14.5/28.21%
2012	1322	50.9	29651	595	16.0/31.43%
2013	1291	51.9	29421	605	16.7/32.17%
2014	1257	53.8	28395	626	17.3/32.15%
2015	1234	55.15	28748	650-	18.96/34.38%
2016	1190	59.8	30941	641	—

资料来源：历年西安市统计年鉴；历年西安市教育统计资料

3. 城六区小学生数：数量逐年增加，呈现外吸状态

相比全市，城六区小学在校生人数自2009年以来一直呈现增加的趋势（表3-8）。2016年城六区在校生数约占全市小学生人数的58.2%，远大于学位供给数，2013年至2015年间城六区小学在校生人数超出学位供给数分别达到1.81万人，2.38万人、2.50万人。然而，城六区小学总数截至2012年下降到最低，之后又开始增加（表3-9）。增加的新建小学主要位于城市新区如雁塔区的高新区、曲江新区、未央区的经开区以及和灞桥区的浐灞生态区等。未来数年全市小学生学位供给压力还会有所增长，入学矛盾主要集中在主城区及新建城区。

西安市城 6 区小学总数与小学生数的基本情况 表 3-9

	统计年	新城区	碑林区	莲湖区	灞桥区	未央区	雁塔区	城六区
学校数量（个）	2009	37	46	48	81	73	66	**351**
	2010	35	44	49	78	73	67	**346**
	2011	34	43	50	79	49	69	**324**
	2012	34	43	50	75	48	69	**319**
	2013	34	43	50	75	53	69	**321**
	2014	34	42	47	73	57	70	**323**
	2015	35	43	47	75	60	73	**333**
	2016	35	43	47	79	64	75	**343**

	统计年	新城区	碑林区	莲湖区	灞桥区	未央区	雁塔区	城六区
在校人数（万人）	2009	40955	38526	44349	31669	51096	65731	**272326**
	2010	39653	38496	43743	32268	53362	66433	**273955**
	2011	38594	38958	44424	33768	43524	68354	**267622**
	2012	37322	39027	45315	34553	46106	70405	**272728**
	2013	37121	40391	47213	36658	51232	73857	**286472**
	2014	36804	41443	49313	39474	58329	78732	**304095**
	2015	36920	42754	51522	43391	65326	86177	**326090**
	2016	36618	43978	53059	47558	74218	92831	**348262**

资料来源：历年西安市统计年鉴

　　城六区小学服务呈现外吸状态。从各行政区中、小学适龄人口入学情况及在校学生数对比以及六普分学龄段的人口数据与初中及小学在校人数相比，可知，西安市城6区在校学生数均大于适龄入学人数，扣除部分非适龄人口就学情况，数据表明西安市各行政区均存在一定程度上吸引城6区外或者本市外学生就学情况（表3-10）。

在校人数与适龄人数及六普同年龄段人数对比 表3-10

	2016年6-11小学学龄人口	2016年小学在校人数	六普6-11人口	小学比对结果
新城区	36301	36618	23756	外吸
碑林区	43668	43978	20924	外吸
莲湖区	52606	53059	30318	外吸
灞桥区	47114	47558	27405	外吸
未央区	73485	74218	34555	外吸
雁塔区	92092	92831	42383	外吸
长安区	59513	59971	52375	外吸

数据来源：根据六普数据和2016西安市统计年鉴整理得出

4. 非户籍小学生数：数量逐年增加，省内外迁居多

　　城镇化发展使得外地人口向大城市涌入。近年来，西安市随迁子女接受义务教育人数激增，由2008年的13.4万人增加到2016年的19.69万人，占西安市小学生人数比例也逐年提高。

　　如表3-11所示，城六区随迁子女在校生数的增幅较大，2016年，西安市城六区小学在校学生为40.82万人，城六区接收随迁子女人小学生人数15.73万人，占城六区小学在校学生38.5%。在随迁子女中，省内外县迁入比例占多数。这也说

明，城六区小学呈现教育资源外吸现象，但是主要吸引省内外迁人员。

城六区随迁子女在校生数的不断增加，造成城六区小学在校生数与学位供给数的差额不断扩大，小学普遍出现大班额现象，学位供需矛盾突出。

2016年随迁子女在学情况　　　　　　　　　　　　　　　　表3-11

	随迁子女			进城务工人员随迁子女		
	合计	外省迁入	本省外县迁入	合计	外省迁入	本省外县迁入
全市	196860	83831	113029	140605	59638	80967
新城区	16566	8600	7966	11929	6431	5498
碑林区	13200	6430	6770	7905	4002	3903
莲湖区	26183	10371	15812	17990	7017	10973
灞桥区	18920	7472	11448	15743	6188	9555
未央区	41948	19389	22559	30236	14291	15945
雁塔区	40521	15004	25517	29038	10578	18460
城六区	157338	67266	90072	112841	48507	64334

资料来源：2016西安教育统计资料.

外来人口进城择校现象比较突出。西安市周围农村、甚至陕西省其他市县学校办学质量不能满足群众对优质教育的需求，导致进城择校现象比较突出。

总体来说，西安市小学生人数呈现上升趋势。受优质教育影响，主城区城市小学在校生人数更集中，比例更大，从而使得通学距离进一步加大，通学出行效率差异增加。在这种趋势下，由于主城区建设用地有限，亟需开展城市修补，对既有小学及其周边用地进行布局调整，以提高家庭出行效率、就学时空可达性，进而促进布局相对均衡的城市小学服务圈的形成。

3.2 主城区小学空间分布特征

随着西安市城市空间不断扩展与优化，旧城区由于新建、改建或插建致使人口密度增加导致小学学位紧张，城市新区由于教育设施配套不到位出现适龄儿童上学难等问题，西安市主城区小学教育资源空间分布不均衡现象比较突出。

3.2.1 城市小学空间分布

1. 城市小学呈单中心空间分布

西安市城市小学密度整体呈现由中心向外围逐级递减的现象。从城市小学500m服务范围覆盖居住用地的情况来看（图3-3），西安主城6区小学的空间密度由中心向外围逐级递减：一环内全覆盖度达到88.59%；一环与二环之间覆盖度为

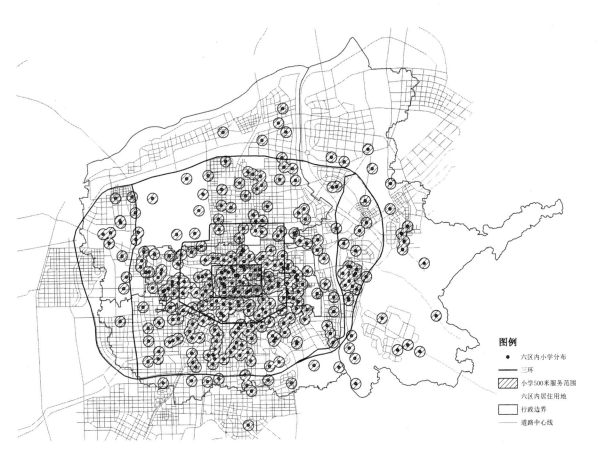

图3-3 西安主城6区小学服务半径分析图

图例
- 六区内小学分布
— 三环
▨ 小学500米服务范围
□ 六区内居住用地
□ 行政边界
⋯ 道路中心线

63.00%，二环与三环之间覆盖度较低为36.50%，在三环以外覆盖度最低。

2. 城区间小学空间分布不均衡

西安市主城区教育资源空间分布不均衡现象比较突出。城区间城市小学可达性差异大，结合图3-3，表3-12可以看出：

城六区小学平均空间服务范围比较　　　　　　　　　　　　　　　　表3-12

	用地面积（km²）	常住人口（万人）	人口密度（人/km²）	小学数（个）	小学平均空间服务范围（km²）	小学平均服务人口（人/个）
新城区	30	60.91	20216	35	0.86	17403
碑林区	23	63.87	27330	43	0.53	14853
莲湖区	38	72.23	18849	47	0.81	15368
雁塔区	151	123.11	8129	75	2.01	16415
未央区	264	85.08	3218	64	4.13	13294
灞桥区	325	62.73	1933	79	4.11	7941

数据来源：根据2017年西安市统计年鉴整理得出；

注：依据规范城市小学服务半径为500m，得出理论上小学服务面积约为0.785km²。

（1）新城区、碑林区、莲湖区城市小学空间分布集约性较好。这些区大部分在城市二环以内，内城区人口密度大，公共服务设施整体配置较足，也是城市小学最为集中地区，许多重点学校也主要分布在这些区域。城市小学的空间分布显示出较好的紧凑、集聚等空间特点，城市小学平均空间服务范围与平均服务人口规模与规范要求接近。尤其是碑林区城市小学平均服务半径低于500m。

（2）雁塔区、未央区和灞桥区城市小学空间分布不够集约。这些区大部分在二环、甚至三环以外，随城市建成区迅速扩展，整体设施配置较其他区滞后，平均人口密度较小，城市小学的空间集约性不显著，虽然城市小学平均服务人口规模接近规范合理规模，但是其平均空间服务范围远大于规范合理服务范围。

（3）在城市新区城市小学的空间供需矛盾尤为突出：高新区由于开发时期相对较长，教育设施建设相对较完善；曲江新区教育设施建设与现有人口分布不匹配，随着入住人口的增加日益突出。且由于缺乏用地空间，曲江内部，特别是曲江南湖西侧片区设施不足的矛盾将在一定时期内长期存在；经开区近年来，随着西安城市重心北移步伐的不断加快，教育设施都得到了高度重视和快速推进，公共服务设施的布局相对均衡；浐灞生态区现有教育主要分布在浐灞三角洲，其余大部分地区仍在建设中，其内还存在很多城中村，教育设施配套还未跟上（表3-13，图3-4）。

西安新区城市小学配套情况 表3-13

	占地面积（km²）	现状小学数量（个）	备注
曲江新区一期	20	12	公办小学：10所，大雁塔小学、西影路小学、瓦胡同小学、曲江一小、曲江二小、南湖小学、翠华路小学曲江分校、曲江池小学、新华小学、雁翔路小学； 民办小学：2所，桑锐小学、特立实验小学
高新区一期	18	11	公办小学：2所； 民办小学：4所，高新一、二、三、四小； 村办小学：5所，南窑头小学、甘家寨小学、双水磨小学等五所
经开区	21.74	13	公办小学：12所，高铁寨小学、永丰小学、盐张小学、西航小学、草滩路小学、南党小学、杨家小学、三星小学、贾村小学、凤城小学、长庆八中（小学）、西安外国语学校（小学）； 民办小学：交大经发学校（小学）
浐灞生态区	129	40	2016年末浐灞生态区共有小学40所，其中教育部门办小学36所，民办小学2所（华清园实验小学和西港花园学校），其他部门办2所（西安一二四子弟学校、空军工程大学工程子女学校）；小于12班制学校占区内总学校数的1/2以上

注：现状小学资料已更新至2016年。

（a）高新一期小学分布图　　　　　　　（b）曲江一期小学分布图

（c）经开区小学分布图　　　　　　　（d）浐灞新区小学分布图

图3-4　西安新区城市小学分布图

3.2.2 优质小学空间分布

1. 优质资源小学集中老城区

以西安市教育局公布的省级示范小学、西安市一级小学、西安市大学区小学学段学区长学校及作为优质教育资源。对于2016年西安市小学及优质教育资源空间分布可视化研究（图3-5）可以看出不论是普通学校还是优质学校，都集中分布于中心城区，与城市的人口密度有较强的相关性。另一方面，学校的分布态势

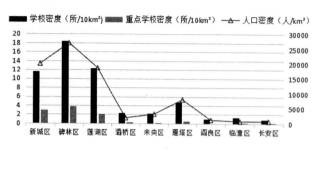

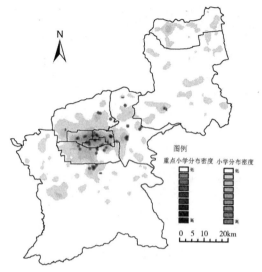

图 3-5 西安市小学及重点小学空间密度图

资料来源：兰峰，张炜阳.教育的空间效应：均衡还是失配？—以西安市小学教育资源为例［J］.干旱区资源与环境，2018，32（05）：19-26.

① 2012 年，西安市教育局启动"大学区管理制"试点工作，以缓解义务教育"择校热"，其目的是推进义务教育均衡发展，实现优质教育平民化、普惠化。"大学区"的组建，以区域内的优质学校为"学区长学校"，吸纳 3-5 所"成员学校"，相对就近，合理组建"大学区"。

可以看出城市扩张的先后顺序，如雁塔区西部的西安市高新技术产业区近年来发展迅速，同时学校数量有所提升。然而不难看出，优质资源小学在城市核心区明显的集聚形式并没有随着城市扩张而分散。重点小学空间分布主要沿东北—西南方向分布，而西北—东南方向学校较少。

西安市重点小学呈现出的集聚模式与西安市的城市发展历程关系密切，办学时间长、具备优良师资条件的优质学校多为高校附属小学、单位子弟学校或中华人民共和国成立前学堂改办，如西北工业大学附属小学、西安建筑科技大学附属小学、西光实验小学、陕西省西安小学等，其选址集中于城墙内外的城市核心区域，或倚靠单位方便子弟就学设立；随着城市发展，公共基础教育设施的历史路径依赖性与城市快速的扩张及高校、工厂向城外迁移形成鲜明对比，尽管近年来新建城区小学数量及教学配套设施不断加强，但难以在短时间内培养体系完善、教学经验丰富的优秀教师队伍，形成学校深厚的文化历史积淀，城市中心形成的教育优势在短时间内难以在全市范围内平衡，所以西安市小学教育资源呈现低位均衡时期，但区域间资源配置差异增大、优质教育资源仍聚集在中心城区。

2. 小学规模空间分布不均衡

小学办学规模可以分为12班、18班、24班以及36班及以上。将西安市主城区城市小学规模进行可视化（图3-6），发现大规模也具有空间集聚性特征，并且学校规模与教学质量有一定的相关性。

根据调查，西安市大概有65%的人对小区附近小学的教学质量不满意，并且好的教学资源主要集中在旧城区（二环内）。因此寻求优质教育资源成为大多数家庭的选择。然而择校行为又会引发优质教育资源学校大规模、大班额现象。目前西安市"大学区"中"学区长学校"①与"成员学校"在师资、规模、可达性

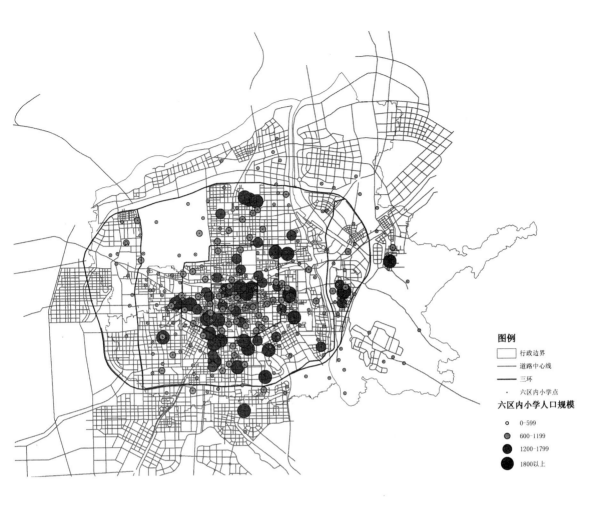

图 3-6 西安主城 6 区小学规模空间分布图

图例

▢ 行政边界
····· 道路中心线
━━ 三环
· 六区内小学点

六区内小学人口规模

○ 0~599
◕ 600~1199
● 1200~1799
⬤ 1800以上

上存在较大的差异性，学区长学校其实际空间服务半径远远大于不能满足就近上学的需求而其他成员学校则规模小，尚且不能达到其合理办学规模，校际间小学教育设施的可达性差异很大。

3.2.3 城市小学密度分布

西安六区共有55个街道办，根据每个街道办的人口数量和居住用地面积计算出其人口密度，将人口密度做为研究对象，利用克里金插值法并借助GIS软件绘制出西安市人口密度等值图（图3-2）。可以看出西安市的人口密度主要是以新城区大差市为重心核，以雁塔区的高新技术产业开发区为次核，成圈层式向外递减。

将主城6区内共343所[①]小学与西安市的人口密度等值图比对，将人口密度值除以学校密度值得出该系数值，所得结果如图3-7所示。可以看出小学空间分布与西安市的人口密度变化并不吻合。这也说明了西安市小学在整个宏观层面的空间分布上与所服务人口密度呈现出一定的"不均衡"。

① 小学数量和位置来源于西安市教育局官方统计。

图例

- 六区内小学分布
—— 三环
—— 行政边界
—— 道路中心线

小学密度(个/平方公里)

	0 - 0.5
	0.5 - 1.0
	1.0 - 1.5
	1.5 - 2.0
	2.0 - 2.5
	2.5 - 3.0

图 3-7 西安主城 6 区小
学密度分布图
（图片来源：笔者自绘）

3.2.4 小学校生均指标

1. 西安市小学人地矛盾突出

西安市相对于省内其他城市，集聚了较多的学校和较多的小学生人数。2015年陕西省常住人口为3793万人，西安市常住人口占全省的22.95%。2016年西安市在校学生数597920人，占全省的24.73%；小学数量为1190个，占全省的21.61%；招生数116460人，占全省25.19%。西安市每万人在校小学生人数较高（表3-14），仅次于延安市、榆林市与安康市。2016年，西安市生均学校占地面积18.18m²，在全省各市中排名倒数第二，仅高于延安；西安市生均校舍建筑面积7.26m²，在全省各市中排名倒数第三，仅高于延安和榆林市，属于较低水平。

2. 主城区小学人地矛盾突出

在西安市，主城区小学人地矛盾表现得更为突出。根据表3-15城六区校均小学生人数近千人，是全市校均人数的2倍多。然而，生均占地面积为9.70m²，生均校舍建筑面积为5.58m²，远远低于全市平均水平。

2016 年陕西省小学教育基本情况　　　　　　　　　　　　　　　　　　　　　　　表 3-14

	小学学校数（个）	在校学生数（人）	生均校舍建筑面积（m²）	生均学校占地面积（m²）	校均人数（人）	平均每万人口在校小学生数（个）
全国	—	99130126	—	—	—	—
陕西	5507	2417852	7.73	23.40	439	637
西安	1190	597920	7.26	18.18	502	687
城六区	343	348262	5.58	9.70	1015	661
铜川市	87	36331	9.08	26.97	418	562
宝鸡市	505	195943	8.83	25.57	388	521
咸阳市	807	307332	7.58	31.63	381	618
渭南市	753	282559	8.42	34.40	375	527
延安市	299	196452	6.92	15.78	657	880
汉中市	489	197437	8.36	23.45	404	574
榆林市	364	265420	6.74	20.42	729	780
安康市	578	182824	7.66	18.49	316	690
商洛市	415	142306	8.99	24.17	343	604
杨凌区	20	13328	7.50	22.51	666	655

资料来源：根据2016年西安教育统计资料、2016年陕西省统计年鉴相关数据整理得出。

2016 年西安市城市小学办学条件基本情况　　　　　　　　　　　　　　　　　　表 3-15

	小学学校数（个）	在校学生数（人）	占地面积（m²）	校舍面积（m²）	生均校舍建筑面积（m²）	生均学校占地面积（m²）	校均人数（人）
新城区	35	36618	301091	233414	6.37	8.22	1046
碑林区	43	43978	376992	262317	5.96	8.57	1023
莲湖区	47	53059	446968	285273	5.38	8.42	1129
雁塔区	75	92831	810101	530457	5.71	8.73	1238
未央区	64	74218	715531	360376	4.86	9.64	1160
灞桥区	79	47558	727565	271844	5.72	15.30	602
阎良区	23	14972	316741	108789	7.27	21.16	651
临潼区	106	37673	1163332	351501	9.33	30.88	355
长安区	137	59971	1286806	467551	7.80	21.46	438
高陵区	70	18973	640681	177105	9.33	33.77	271
户县	107	30582	1195849	333902	10.92	39.10	286
蓝田县	212	28411	1131316	357449	12.58	39.82	134
周至县	149	33169	1277253	375413	11.32	38.51	223

资料来源：根据西安教育统计资料、西安市统计年鉴相关数据整理得出。

3.3 城市小学时空可达性趋势

3.3.1 城市小学的出行时距

基于西安市路网骨架，运用GIS的Network Analyst功能，对主城6区城市小学的不同时空距离的服务半径与居住用地的覆盖关系进行分析（图3-8）。假设步行速度为4.2km/h，按照5min、10min、15min、20min的作为划分依据，仅有33.3%的居住用地分布在城市小学的步行10min服务范围内。根据我国《城市居住区规划设计规范》GB 50180—93（2002年版）城市小学服务半径不应大于500m，约7～10min路程（按照步行速度4.2km）。对应城市小学和居住用地的关系可以看出城市小学的服务范围、出行时距有扩大趋势。

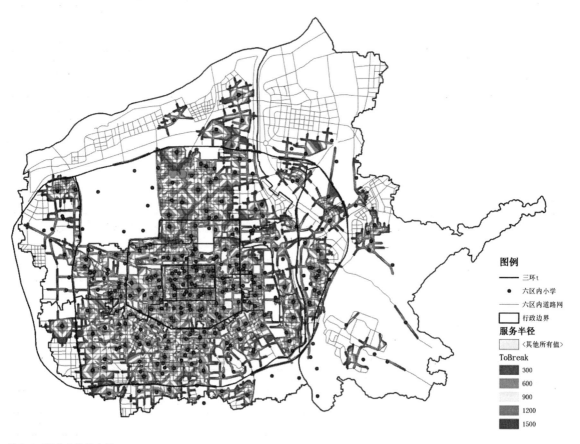

图3-8 城市小学时空服务范围与居住用地关系图

城市小学时空服务距离与城市居住空间覆盖率　　　　　　　　　　　　　　　表3-16

时间（min）	0～5	5～10	10～15	15～20
路程（m）	350	700	1050	1400
居住用地覆盖率	9.74%	23.55%	18.70%	15.24%

3.3.2 新建小学的服务范围

城市小学布局呈现集约设置、规模扩大的趋势。首先，已建小学的校均学生规模超出原有规划，大班额情况突出。根据近年来西安市统计数据（表3-17），主城6区小学总数逐年递减，与之对比的是各区校均在校人数却逐年递增。由此看出小学规模有逐步扩大的总体趋势。根据《2016西安教育统计资料》，城六区班额46-60人的班级占到主导，班额46人以上的占到70.7%，也反映出班额扩大化的趋势（表3-18）。其次，新建、优质学校的规模越来越大。对西安市"五区一港两基地"新建小学（表3-19）进行统计，24班、36班大规模学校所占比例较大，办学规模有扩大化趋势。

西安市城6区小学校均人数变化　　　　　　　　　　　　　　　　　　　　　表3-17

| | 各年的校均人数（人/所） | | | | | | | | 变化趋势 |
	2009	2010	2011	2012	2013	2014	2015	2016	
新城区	1107	1133	1135	1098	1092	1082	1055	1046	减少
碑林区	838	875	906	908	939	987	994	1023	增加
莲湖区	924	893	888	906	1005	1049	1096	1129	增加
灞桥区	391	414	427	461	489	541	579	602	增加
未央区	670	731	888	961	967	1023	1089	1160	增加
雁塔区	996	992	991	1020	1070	1124	1181	1238	增加
城六区总计	735	755	785	805	892	941	979	1015	增加

资料来源：2009～2017年西安市统计年鉴。

主城六区小学班额情况（单位：班级数）　　　　　　　　　　　　　　　　　表3-18

	25人以下	26～30人	31～35人	36～40人	41～45人	46～50人	51～55人	56～60人	61～65人	66人以上
1新城区	7	11	31	68	245	146	133	95	29	8
2碑林区	11	3	18	66	144	255	235	116	45	2
3莲湖区	1	1	8	43	133	233	326	185	65	29
4未央区	2	16	34	96	234	284	394	315	86	10
5雁塔区	23	25	78	121	277	371	678	236	76	—
6灞桥区	79	38	53	104	103	149	168	179	92	40
比例（%）	1.7	1.3	3.1	7.1	16.1	20.4	27.4	16.0	5.6	1.3

资料来源：2016西安教育统计资料。

"五区一港两基地"新建小学规模统计　　　　　　　　　　　　　　　　　　表3-19

办学规模	12班	18班	24班	30班	36班
数量（个）	3	1	8	1	7
比例（%）	15%	5%	40%	5%	35%

数据来源：西安市教育局"五区一港两基地"新建小学资料。

究其原因，一是由于教育质量不均衡带来的家庭择校行为，会加剧生源向教育质量高的学校流入；二是教育部门从节约用地、保证效率、强化质量的角度来看，希望小学能够集中大规模设置。

3.4 小 结

从总人口与总小学数量关系来看，西安市小学总体数量供需平衡，但是总体结构不均衡。首先，西安市城市小学适龄人口存在空间差异性。城市不同区域人口年龄结构不同，城市外围地区、开发区的适龄儿童比例相对较高，教育需求存在差异。另外，流动人口对城市教育设施需求较高；城市小学教育发展水平势必会对外部人口产生吸纳作用，会造成额外的设施需求，随着教育质量的提高还会继续促进城市人口总量的增长。此外，"二胎政策"也会使适龄儿童人口的峰值发生波动。在准确了解西安市各城区基础教育设施供给现状的基础上，在未来适龄人口预测时，要充分考虑人口规模与结构的动态变化，以及中长期内政策的持续影响和社会发展的阶段性变化，在城市小学布局上保留弹性规划与设计。

西安市城市小学空间仍然呈现空间分布不均衡状态。表现为：城市小学空间分布密度不均衡，老城区相对外围更加充分，南城相对北城城市小学数量充足；城市小学教育质量空间分布不均，老城区集聚较多的优质教育资源；主城6区的小学虽然数量多，但是呈现明显的外吸状态，人地矛盾尤为突出，尤其是主城区的生均校舍建筑面积和生均学校用地面积远远低于城市外围地区；还有，城市小学密度与人口密度不匹配，一些常住人口集聚的街道，城市小学相对供给不足。

西安市城市小学空间分布的不均衡影响了其时空可达性不均衡。城市内部公共服务的时空可达性和需求的匹配程度，与城市公共资源分配的社会公平和公正紧密相关，是反映城市居民生活质量的重要标志。以城市小学步行可达范围覆盖居住用地来看，老城三区可达性较好，而城市外围较差。家庭通学出行的可达距离较长，已经超出小学500m的空间服务范围，并且新建城市小学有规模变大的趋势。不同通学出行方式的空间品质也出现较大差异。总体来说城市小学时空可达性具有较大的可优化的余地。

由于教育资源分布不均衡与择校行为的相互影响，实现城市小学的空间均等配置尚有一定难度。本研究聚焦在从家庭活动角度如何完善城市小学布局，引导更多家庭选择步行或者和公交出行，促进城市小学不同家庭时空可达性均衡。

4.1 样本小学选取与数据来源

4.1.1 样本小学选取

本研究中的"城市小学"是指城区内由教学部门办学的公立小学，并且是教学质量较好，学生规模在1000~2000人的城市小学。

2012年，西安市教育局在主城四区（新城区、莲湖区、碑林区、雁塔区）中，全面推行"大学区管理制"。"大学区"是指在区县域中小学中，由教育行政部门制定一所优质学校为学区长，吸纳3~5所同类型、同层次的"成员学校"，相对就近，合理组建一个大学区。通过优质带动，促进共同发展，扩大基础教育优质资源覆盖面和区域义务教育均衡发展。西安市主城四区171所小学纳入试点，共设37个小学大学区。大学区制推行的是"优质学校＋薄弱学校"捆绑集约发展，通过学校间教学合作交流，促进薄弱学校办学水平稳步提升，以及学区间教育均衡。实施5年以来，效果还不显著，家庭对学区长学校仍然有较高的择校热情。本研究将在主城四区共有37个学区长学校中合理选取样本小学。因为学区长小学通学出行矛盾相对突出，家庭通学出行期望更加明显，可以为完善城市小学布局找到解决问题的方向。

根据文献结论以及调研结果，城市建成环境对城市出行行为具有影响作用。依据城市路网密度、人口密度以及建成时间等，西安市主城区建成环境总体来说由内至外呈现圈层特征，可分为3种类型：

1）一环内老城区（即城墙环城路以内）以小尺度、网格型传统街巷形态为主；居住单元尺度小，密度大，建筑层数低；住宅与城市公共空间可以直接发生联系，功能混合；街巷路网密集，交通可达性较好。

2）二环至城墙环城路以及二环周边，以单位大院空间单元为主，地块划分大小各异，大单位通常占据城市的一整块街区，形成城市断头路或者丁字路，使得城市的可达性和疏散性较差；居住建筑以多层为主，用地混合度高，公共服务设施完善，职住平衡较好。

3）二环至三环，城市新区的新建居住小区较多；居住规模较大，实行封闭管理，小区院墙和大马路等减弱了城市街道网路的公共性，割裂了城市文脉，单一的居住功能，也造成了远距离城市通勤；路网密度较低，路网间距较大。

主城4区37个学区长小学周边的建成环境大致可以分为以下类型：周边是老城区街坊小区的城市小学、老城区历史街区内的城市小学、单位大院内的子弟小学、周边是单位大院的城市小学，周边是新建商品房小区的城市小学。

样本小学选取综合考虑区位因素、城市小学的条件（建成时间、学校规模、教育质量等等）、小学周边城市建成环境，以及通学出行数据获取的难度性等因素。最终在西安市主城区的三个环路内分别选取2个，共6个学区长小学，以保证样本小学在空间上分布均匀。它们是后宰门小学、西安师范学校附属小学（后简称西师附小）、西安建筑科技大学附属小学（后简称建大附小）、翠华路小学、曲江一小和南湖小学。曲江一小和南湖小学建校时间晚，未能赶上西安大学区划分，但是这两所学校的建成使用，有效解决了曲江新区教育设施匮乏问题，学校教学硬件好、教学理念新，家庭择校意愿较高，服务范围较广，本研究将其视为与学区长一样功能的学校。

这六个样本学校也分别代表了不同城市建成环境下的城市小学，即后宰门小学是老城区街坊空间的城市小学、西师附小是历史街区内的城市小学、建大附小是单位大院内的子弟小学、翠华路小学周边有很多高校以及单位大院，曲江一小和南湖小学是位于城市新区的新建商品房小区旁的新建城市小学（图4-1、图4-2、表4-1）。每所小学均含有各类通学活动路径类型，只是各校出行方式比例不同。通过调研问卷和深入访谈的方法，能够较为全面地掌握这一类型城市小学家庭通学出行的特征。

由于新、老城区城市小学密度差异较大，学区划分也没有什么明确标准，可以看到不同城市建成环境下的学区规模存在较大差异（图4-3，表4-1）。

4.1.2 出行数据来源

城市小学通学出行数据主要从6个典型小学获得。在2013年10月至12月期间对建大附小、翠华路小学和曲江一小展开调研。2014年3月至4月期间对上述三个小学补充调研，又追加调研了后宰门小学、西师附小、南湖小学3个样本小学。

各个小学的通学出行方式通过观察记录法获得。在上学日（多选用周一，由于学校要求该天穿校服，便于观察记录）上学前30min在各个小学门口合理布点，观察记录各个小学通学出行方式的人数。选择上学时间的原因是上学时间统一，

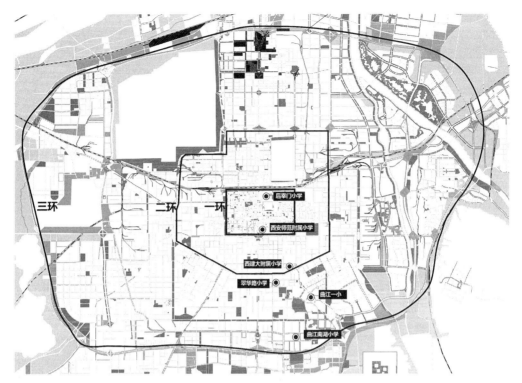

图 4-1 六个典型小学位置图

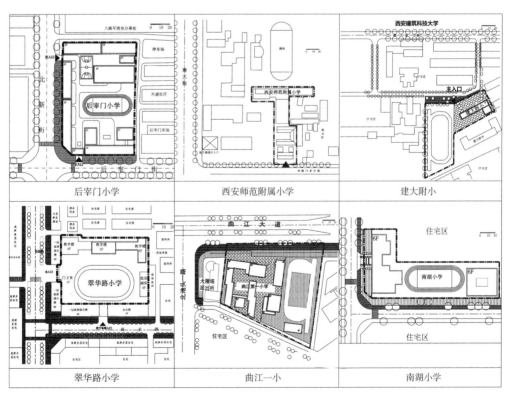

图 4-2 六个典型小学总平面图

六个典型小学基本特征   表4-1

		后宰门小学	西师附小	建大附小	翠华路小学	曲江一小	南湖小学
所属的行政区划		新城区	碑林区	碑林区	雁塔区	雁塔区	雁塔区
人口密度（人/km²）		20023	18588	26910	7987	7987	7987
学校密度（个/km²）		1.13	1.23	1.80	0.46	0.46	0.46
建成时间		1935年	1908年	1956年	1960年	2011年	2014年
学区概况	小学学区规模（hm²）	27.1	23.4	92.2	162.4	354.8	792.7
	大学区规模（hm²）	295.3	302.3	174.1	518.0	—	—
	大学区内小学数量（个）	5	4	3	3	—	—
学校建设	用地规模（m²）	10495m²	10150m²	4860m²	12074m²	17020m²	10779m²
	总建筑面积（m²）	6000m²	8630m²	2657m²	9513m²	11703m²	17000m²
学生人数	学生人数（人）	2600	660	1350	2300	1870	576
	实际班级/（规划班）（班）	46班	12班	21班	38班	34/（36）	14/（36）
	班额人数（人）	60	45	64	55	55	45
建成环境概况	城市区位	一环内	一环内	二环内	二环沿线	二、三环之间	二、三环之间
	与城市道路关系	城市次干道十字路口旁	城市主干道与步行街丁字口东北口	单位小区内，小区路旁	城市次干道旁与城市支路丁字口一侧	城市主干道与快速路十字旁	城市次干道丁字路口旁
	周边社区特征	老城区单位家属院	老城区传统街区	高等院校家属院内	若干单位大院与家属区	城市新区的商品房住区	城市新区的商品房住区
	到最近公交站的距离（m）	300m	100m/183m（返）	320m	50m/130m（返）	50m/500m（返）	450m
	到使用最多公交站的距离（m）	750m	同上	450m/750m	710m	同上	500m
时间管理	上、下学时间	8：00-16：30	8：00-15：50	8：00-16：30	8：00-15：50	8：00-15：50	8：00-15：50
	课外与后延点班	课外兴趣班	课外兴趣班	课外兴趣班；后延点班	课外兴趣班	课外兴趣班	无

注：南湖一小2014年才开始招生，因此规模未达到规划预期。

数据来源：通过统计年鉴、调研以及图形绘制测量等方法获取。数据截止到2015年底。

基于家庭通学出行的西安市小学服务圈布局研究

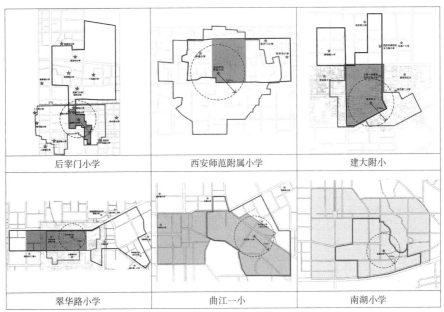

图例

★ 小学   ☐ 大学区范围   ☐ 15min步行范围

★ 大学区内其他小学   ▨ 学区范围   ☐ 500m范围

| 后宰门小学 | 西安师范附属小学 | 建大附小 |
| 翠华路小学 | 曲江一小 | 南湖小学 |

图4-3 六个典型小学学区范围图

学生进校准点率很高；然而放学时间一般在3：30～5：00之间，各个学校略有差别，放学之后孩子由家里老人或者兴趣班、托管班负责人接走，有的在学校有兴趣班，时间上很难统一。"合理分配站位"方案如下：通常情况下根据不同的出行方式分配站位也不同，在学校大门附近公交站点安排调研人员以统计公共交通出行人数，在学校大门口附近上下车点观察统计小汽车、出租车等人数，在学校门口不同的人统计不同的出行方式如自行车、电动车、小汽车以及步行的人数，最后将数据汇总整理。

家庭活动路径数据通过问卷调查和访谈形式获取。利用放学时间家长等候孩子，可以开展抽样调查，按照在学生数5%～10%的比例对每个学校发放家庭活动日志调研问卷，内容涉及家庭属性、接送主体出行特征、出行满意度和日常生活记录等。6个小学共回收有效问卷504份。在问卷基础上，针对每个学校选取5～10个家庭采取追踪深入访谈，详细询问一日之内的各类活动、行为习惯和家庭满意度等情况。

通过观察记录、调研问卷和深入访谈的方法，保证了家庭通学路径数据的可靠性。

4.2 家庭通学出行总体特征

城市小学空间配置是假设小学生在步行可达范围内、就近范围的通学出行。

通过对六个样本小学500多份家庭通学行为调研问卷的数据统计分析，发现城市小学通学出行行为发生了变化。家庭通学行为是在家长陪伴下的双主体行为，通学距离加大，机动车出行方式比例越来越高，但是公交出行比例很低。通学出行对家长的时空制约较大。

基于城市小学家庭的通学行为的视角，通学出行特征通过接送主体、出行距离、出行时间、出行方式、出行频率和出行链等予以表现。

4.2.1 出行主体：以家长接送的通学方式为主，在职家长不到1/2

城市小学通学出行主体由小学生和接送家长构成，其中小学生是核心主体。如果城市步行环境好，离家近的高年级小学生能够独自上下学。陪同家长构成较为复杂，按照自然属性可以分为三类：父母家长，祖父母家长以及亲戚保姆等。按照工作属性分为两类：在职工作家长，非在职工作家长。

根据调研来看，三年级以下的小学生以及女学生家长接送的依赖性更强，独自出行比例较低。接送家长构成从自然属性看，女家长仍占主导，而在女家长中有近一半左右为全职妈妈（或者自由职业）；其次是祖父母辈家长，然后是男家长，有少量的保姆或亲戚。从工作属性来看，接送主体主要为非工作家长；在职工作家长所占比例低于1/2，在职工家长中女职工家长比例多于男职工家长。小学接送出行行为的时空特点对工作家长的约束很大，尤其对工作女家长的约束最大。

从表4-2中看出，总体上在职家长接送比例较低，总数约40%左右。建大附小在职家长接送比例最高；曲江一小的在职家长接送比例较低，但全职妈妈接送

接送家长构成 表4-2

类别 \ 小学		后宰门小学（样本数/比例）	西师附小（样本数/比例）	建大附小（样本数/比例）	翠华路小学（样本数/比例）	曲江一小（样本数/比例）	南湖小学（样本数/比例）	总数与总比例
接送家长	全职妈妈（自由职业）	7/13%	2/2%	17/17.9%	12/11.4%	37/20.3%	5/9%	80/13.6%
	工作女家长	10/18%	21/23%	30/31.6%	27/25.7%	31/17.0%	7/12%	126/21.4%
	工作男家长	12/21%	6/6%	19/20%	17/16.2%	27/14.8%	12/21%	93/15.8%
	全职爸爸（自由职业）	0/0%	3/3%	2/2.1%	4/3.8%	6/3.3%	0/0%	15/2.5%
	爷爷辈	9/16%	37/40%	19/20%	20/19.1%	36/19.8%	16/28%	137/23.2%
	奶奶辈	18/32%	23/25%	8/10%	25/23.8%	38/20.9%	15/26%	127/21.6%
	保姆或亲戚朋友	0/0%	1/1%	0/0%	0/0%	7/3.8%	3/5%	11/2%
	总量	56	93	95	105	182	58	589/100%

比例较高；西师附小位于老城传统街区，在职家长接送比例最低，而祖父母家长比例最高。

不同接送家长其家庭角色、社会经济属性等都会影响接送出行行为。由于在放学时发放问卷，统计数据老年人接送比例最多，这可能比实际情况偏高一些。老年人年龄与其出行时间呈显著负影响，即老年人年纪越大，出行距离和时耗越短。

4.2.2 出行距离：大多数在2500m空间服务半径内

从6个小校的调研数据来看：

1）27.6%的家庭通学出行距离在0.8km距离内，对应西安市路网格局，空间服务半径在500m左右基本是800m出行距离，调研数据反映不足三分之一的家庭在此范围内居住，这与现行规划所依据的小学500m服务半径存在较大出入，也反映了城市小学的空间服务范围扩大的趋势。

2）53.8%的家庭通学距离在0.8～1.5km以内，并且所占比例最多；18.8%的家庭分布1.5～2.5km；也即将近3/4的家庭分布在学校2.5km出行距离以内，表现出家庭对空间就近强烈需求。

3）通学距离在2.5～3.5km的家庭数量最少，显示出时空距离对家庭通学出行的制约开始加大。

4）16.9%的家庭出行距离在2.5km以外，教学质量好的小学对远距离家庭也有吸引力（表4-3）。

从城市小学出行距离来看，位于城市新区的曲江一小和南湖小学，0.8km以内通学出行比例较高，同时它们的远距离出行比例也较高。而位于老城的后宰门小学和西师附小，0.8km以内出行比例较低。

家庭出行空间距离所占比例　　　　　　　　　　　　　　　　　　表4-3

类别	小学	后宰门小学（样本数/比例）	西师附小（样本数/比例）	建大附小（样本数/比例）	翠华路小学（样本数/比例）	曲江一小（样本数/比例）	南湖小学（样本数/比例）	总数与总比例
出行距离	0.8km以下	8/16%	13/14%	14/14.8%	18/23.1%	67/36.8%	19/40%	139/27.6%
	0.81～1.5km	10/20%	28/30%	32/33.6%	23/29.5%	37/20.3%	12/25%	132/26.2%
	1.51～2.5km	6/12%	15/16%	29/30.5%	17/21.8%	23/12.7%	11/23%	95/18.8%
	2.51～3.5km	6/12%	13/14%	7/7.4%	9/11.4%	19/10.4%	5/11%	53/10.5%
	3.5km以上	20/40%	24/26%	13/13.7%	11/14.0%	36/19.8%	1/3%	85/16.9%

4.2.3 出行时间：单次理想出行是15～20min，公交出行时间最长

城市小学的家庭通学出行的早高峰时段的出行时间较集中，放学时段相对较离散；各类小学的家庭通学出行高峰时段均集中在7：20～7：50之间。

不同交通出行方式的出行时耗有很大差异性（表4-4）。根据6个样本小学调研数据显示，步行、电动车的出行时间在15min内；公交车平均出行时间约30min，是所有出行方式中最长的。公交出行时间是家到公家车站时间+公交行驶时间+公交站到学校时间。调研数据公交出行的非乘车时间约占一半，平均为14min多。电动车（自行车）和私家车都是点到点的出行方式，所占出行比率较高。

根据问卷调研中的家庭满意度调研，在不考虑出行方式的情况下，西安市小学家庭理想的出行时间是15min左右，可以忍受的最大出行时间是30min以内。由此也可以看出公交出行的满意度是最低的；为了方便出行，很多家庭选择电动车出行，同时也带来了一定的交通安全隐患。

不同出行方式的平均时耗   表 4-4

交通方式＼小学		后宰门小学	西师附小	建大附小	翠华路小学	曲江一小	南湖小学	平均时耗
出行时间	私家车（样本数/min）	14/25	9/19	19/18	14/21	34/17	16/13	106/18
	公交（样本数/min）	12/38	19/36	16/26	13/24	9/35	3/27	72/31.4
	非机动车（样本数/min）	10/13	15/13	24/15	11/10	10/10	4/12	74/15
	步行（样本数/min）	14/11	50/21	36/11	40/11	74/13	25/13	239/14

随着家庭出行距离的变化，其出行时间将会有很大的差异性（表4-5）。从调研情况来看，家庭在可以接受的时间范围内，根据出行距离、家庭经济能力选择适宜的出行方式和接送主体，小学接送出行时间成为家庭出行决策的重要因素之一。

家庭出行时间所占比例   表 4-5

实际出行距离	0.8km以下	0.81km–2.5km	2.51km–5km	5km以上
出行时间（t）	t≤10min	t≤30min	t≤50min	t≥50min
所占比例	15.61%	57.38%	21.86%	5.14%

4.2.4 出行方式：以步行和私家车为主，公交出行率较低

通学出行包含单独出行和家长陪同两种通学出行方式，采用的交通工具有步行、自行车、电动车、公交车、校车、私家车等。小学生单独出行方式主要是

步行和公交两种，以步行为主，不足3%的小学生会选择单独乘坐公交。高年级、住家近的男生单独出行比例较高，相对而言女生单独出行比例则较低。总体来看，单独出行的小学生比例不到25%。

出行方式表现如表4-6所示：

1）在所有的出行方式中，步行仍然是主要的出行方式，其次是私家车和非机动车，公交出行的比例非常低。

2）机动车所占比例占1/3以上，但是以私家车出行为主，公交车占比例很低。然而通过问卷得知，机动车出行的家庭在公交出行便利的条件下，则会转而选择公交出行。

3）电动车快捷、灵活，使用率较高仅次于小汽车，然而自行车出行比例很少。

4）校车普及度很低，一是有校车服务的小学数量很少，二是校车费用较高且完全由家庭承担，总体来说选择较少。

将6个样本小学进行比较发现：

1）步行比例最高的是翠华路小学，后宰门小学和建大附小的步行比例较低，不足50%。

2）位于老城区的城市小学如后宰门小学、西师附小具有较高的公交出行率，城市新区的曲江一小和南湖小学的公交出行最低。

3）城市小学空间服务半径越大，使用校车的可能性越大。

不同出行方式的比例　　　　　　　　　　　　　　　　　　　　　　　表 4-6

类别	小学	后宰门小学（样本数/比例）	西师附小（样本数/比例）	建大附小（样本数/比例）	翠华路小学（样本数/比例）	曲江一小（样本数/比例）	南湖小学（样本数/比例）	总数与总比例
出行方式	私家车	312/13.0%	102/11.2%	270/24.8%	290/10.9%	292/15.6%	171/29.7%	1437/15.1%
	出租车	5/0.2%	25/2.7%	7/0.6%	—	9/0.5%	—	46/0.6%
	公交车	175/7.3%	57/6.2%	44/4.0%	130/4.9%	17/0.9%	12/2.1%	435/4.6%
	地铁	148/6.2%	35/3.8%	—	—	—	—	183/1.9%
	校车	312/13.0%	—	26/2.4%	37/1.4%	314/16.8%	—	689/7.2%
	电动车（含三轮、摩的）	297/12.4%	120/13.2%	173/15.9%	191/7.2%	60/3.2%	25/4.3%	866/9.1%
	自行车	31/1.3%	14/1.5%	51/4.7%	72/2.7%	30/1.6%	3/0.5%	201/2.1%
	步行	1117/46.6%	566/61.4%	518/47.6%	1938/72.9%	1148/61.4%	365/63.4%	5652/59.4%
公交出行意愿	A是	30/73%	28/84.8%	73/75%	9/23.1%	43/68.3%	29/82.9%	—
	B否	11/27%	5/15.2%	24/25%	30/76.9%	20/31.7%	6/17.1%	—

类别 小学		后宰门小学（样本数/比例）	西师附小（样本数/比例）	建大附小（样本数/比例）	翠华路小学（样本数/比例）	曲江一小（样本数/比例）	南湖小学（样本数/比例）	总数与总比例
接送	接	3/6%	6/8%	24/25%	23/29.5%	89/70%	38/79.2%	—
	不接	47/94%	67/92%	71/75%	49/62.8%	38/30%	10/20.8%	—
中午是否提供午餐、午休场所（是，否）		是	是	是	是	否	否	

4.2.5 出行频率：趋向于2次/天，中午接送对上班家长制约很大

小学生出行频率大多数为2次/天，即早出晚归，中午大多选择在学校内或者周边托管机构休息。从调研数据总体来看，小学生中午接送的比例较低（表4-7）；从访谈中也反映出家长强烈要求中午寄宿的诉求。然而，很多学校并没有提供给学生中午休息的宿舍，中午休息的条件也较差，甚至一些学校限制学生校内休息，这为周边托管机构提供了一定的商业机会。6个样本小学中，曲江一小和南湖小学中午接送比例较高。曲江一小是由于学校管理要求大多数学生中午接送，所以中午在学校门口有许多托管机构代替家庭接送与寄宿。南湖小学目前学生较少，大多数居住在附近，因此中午接送比例高。

在调研6所学校中，多数小学中午可以在校午餐和午休。在此条件下，家长选择不接送的占大多数。而对于中午接送的小学，接送人多数是老人、全职家长以及托管服务机构。

通过城市小学通学出行调研，发现通学出行是以儿童为主体的、高频率的家庭日常活动。通学出行伴随家长接送行为，且长距离通学出行占比较高。学校的接送时间和接送频率，以及城市小学家庭的"住—教—职"空间联系对上班家长的时空制约很强。

4.3 家庭通学出行期望

根据家庭活动日志分析、个别家庭深度访谈，以及家庭活动路径的分析，汇总得出家庭通学出行的满意度和期望。整体家庭通学出行的满意度较低，具有偏好短时空距离，弹性时间管理，便捷公交出行、儿童友好出行和邻近日常生活设施的需求等通学出行的期望。

4.3.1 偏好短时空距离

小学家庭普遍偏向短时空距离通勤，虽然不同建成环境的居民出行距离不同，但是根据调研来看，大多数家庭在学校15min时空距离以内，具有一定的时

空稳定性。城市小学教学质量越高，家庭长距离通学出行的比例也会增加。

通过家庭活动路径分析，可以看到影响通学出行的时空制约因素较多，距离是个主要方面，"住—教"空间就近可以提高家长出行效率。根据对六个样本小学问卷调研数据，以租房、借房等方式就近上学的家庭比例较高，达到39.2%。

4.3.2 弹性时间管理

城市小学生通学出行链可分为两种：一种表现为"家—小学—家—小学—家"；还有一种表现为"家—小学—家"。根据调研数据来看，小学生通学出行频率大多数为一天两次，即早出晚归，中午大多选择在学校内或者周边托管机构休息（表4-8）。从访谈中也反映出家长强烈要求中午寄宿的诉求。然而，很多学校并没有提供给学生中午休息的宿舍，中午休息的条件也较差，甚至一些学校限制学生校内休息，这为周边托管机构提供了一定的商业机会。6个样本小学中，曲江一小和南湖小学中午接送比例较高。曲江一小是由于学校管理要求大多数学生中午接送，所以中午在学校门口有许多托管机构代替家庭接送与寄宿。南湖小学目前学生较少，大多数居住在附近，因此也不提供中午托管服务，家长接送比例高。

4.3.3 便捷公交出行

不同的通学出行方式（步行、自行车与电动车、私家车、公交四种），家庭使用诉求也不同。根据调研总体来说，步行出行表现在对步行空间安全性、连续性的诉求较高；自行车与电动车出行表现在对非机动车道的路权以及非机动车停放的诉求较高；私家车出行主要对停车空间的诉求较高；公交出行的诉求最多，从家到学校的活动链、节点最多，表现出的问题也最突出。从调查结果来看，选择其他交通出行方式（除步行外）的家庭，如果条件许可，75%的家长考虑选择公交；有73%的家庭支持校车，认为会更方便；但是仍有一些家长不愿意放弃私家车出行的舒适性，占到10%左右。

从可持续发展角度，私家车所需停车空间大、占用道路空间多，私家车依赖型增长将带来过度的能源消耗、环境污染以及交通事故数量，同时也加大了低收入家庭的出行时间成本。而电动车速度快、行驶不安全，也不是城市倡导的出行方式。因此，城市小学长距离通学出行应倡导步行以及低碳环保、大容量的公交出行方式。从可持续发展角度，本文侧重分析城市公共交通可达性满意度。

忽视家庭出行时间成本，公交车出行可达性较低。公交出行时间长。从调研数据来看，西安小学上下学公交出行时间的一半以上在步行（从家到车站和车站到小学）和等待。城市小学家庭公交出行满意度较低，主要表现为以下几方面：1）公交站点位置不合理：车站至家、小学的距离远，步行时间较长。2）公交等候时间长，在西安一般情况发车频率为10min一班，缺乏连续公交专用线，增加了候车时间的不确定性，而当公交线路增多，可以减少等候时间；3）公交路权缺乏保障：非连续的公交专用线不能保证出行时间，道路拥堵对公交行驶时间影响很大；4）公交线路不能根据居民日常出行需求及时调整规划。

4.3.4 儿童步行友好

小学生上下学主要是步行或者公交（公交出行也伴随步行）。然而，学校入口周边的步行空间安全性、连续性尚存在设计缺陷。一是学校出入口设计存在隐患：大部分小学只设置一个出入口，并且小学入口缺乏足够的短暂性的过渡空间和停留空间，在上下学时段大量人、车流线混杂，形成拥堵，难以顾及行人的安全；二是步行路权得不到充分保障，例如步行道被机动车停车占用，道路转弯的视距三角形得不到保障在城市中也司空见惯；三是缺乏针对小学生行为特点的步行空间安全设计，如小学生穿越马路、过十字路口时存在一定的安全隐患，从安全心理出发使得步行环境设计不被机动车打扰显得尤为重要；四是学校周围交通换乘点未能根据小学生出行特点采取合理配置站点距离、缺乏人性化的小学生候车公交站台，小学生和成人一起"挤公交"、"追公交"；五是缺乏公交文明行驶的管理，公交进站出站急刹车，转弯速度快等现象危及乘客人身安全的现象。

4.3.5 邻近日常生活设施

通学出行具有与日常消费空间临近的需求。对于在职家长理想的是在上下班途中顺道接送孩子上下学，途中最好顺道伴随家庭日常生活用品采购行为。对于上班与小学接送时间有一定冲突的双职工家庭，接送工作则交由祖父母家长、亲戚或者保姆负责，他们在完成接送活动之后，也通常要顺路采购家庭日常生活用品，或者进行休闲锻炼。因此，从出行成本和效率角度考虑，一般家庭都具有多目的出行的特点。

从调研来看，城市小学周边公服设施多的，比如菜市场、超市等，则接送家长多目的行为明显，反之，呈现单目的行为。非上班家长比上班家长多目的出行需求强烈。

4.4 家庭通学出行类型

4.4.1 30种活动路径类型

在对6个样本小学问卷调查基础上，又在每个学校选择5～10个左右的家庭进行质性访谈，以此掌握了家庭通学出行的基本状况。需要说明的是，调研期间大多数家庭都是一孩，因此基本是一孩家庭的出行状况。另外，根据现在小学生的出行调研，现在小学生普遍都有课外兴趣班，一般周内周末都有课，下图中都包含了小学生周内校外兴趣班的情况。

通过对家庭通学出行活动路径的描述分析，发现通学出行"人—空间—时间"三要素，即接送主体、"住教职"空间联系、接送频率等，他们紧密相连，相互制约。依据接送家长（人）、住教职时空距离（距离）、接送频率（时间）这三种要素的组合关系，可以对通学出行活动路径进行分类。

按照接送家长，通学出行可分为全职家长（N-no job）、双职工家长（F-full-time job）、双职工家长其中一方工作时间自由（P-partl-time job）、双职工家长+家里老人（G-grandparents）、双职工家长+托管班或教育机构（E-education）5种类型。

按照空间联系，通学出行可分为：住教职就近、住教就近、教职就近、职住就近，以及职教住都不就近五种类型。时空就近仍然是家庭通学出行最关注的空间影响因素。这里所指的"就近"是以城市小学为核心，在步行的合理可达范围内。

按照接送频率，通学出行可以分为中午不接送、中午接送两种类型。一般学校教学时间上午8：00-11：30，下午14：00-16：00/16：30；一些学校提供中午午餐午休以及放学后课外兴趣班和延点托管服务，很好地解决了家长接送的难题。因此这里分为2次/d接送（中午不接送并且同时提供延点班，即学生在校时间7：30-18：00/18：00），和4次/天接送（中午接送并且不提供延点班，即学生在校时间7：30-11：30，14：00-16：00/16：30）这两种情况。

依据接送家长（人）、住教职时空距离（距离）、接送频率（时间）这三种要素的组合关系，得出城市小学家庭30种通学活动路径类型（图4-4）。

4.4.2 四种时空制约程度

依据"空间—时间—人"三要素不同组合对通学出行的制约程度不同，影响家庭通学出行的可达性效率，可以分为四种类型：

1. 类型一：空间就近，时空制约程度最小，理想状态

当住—教—职空间就近时，空间制约对于家庭通学出行的制约最低。但是，学校上、下学时间与接送频率，对于家长接送有制约。学校提供午餐午休托管，以减少通学出行频率，学校提供后延点服务以方便家长接送的情况下，对双职工家长接送的时空制约程度最小（路径③）。相同条件下对全职家长和祖父母家长接送制约也较小（路径①，路径⑥，路径⑧，路径⑬）

在住—教—职空间就近，当学校不提供中午托管服务并且不提供课后延点，即一天4次的接送频率与接送时间的条件下，接送主体为全职家长、半工作（part-time）状态家长、祖父母家长以及托管机构，可以降低对上班家长（full-time）的时间制约（路径②，路径④，路径⑤，路径⑦，路径⑨，路径⑭）（图4-5，表4-8）。

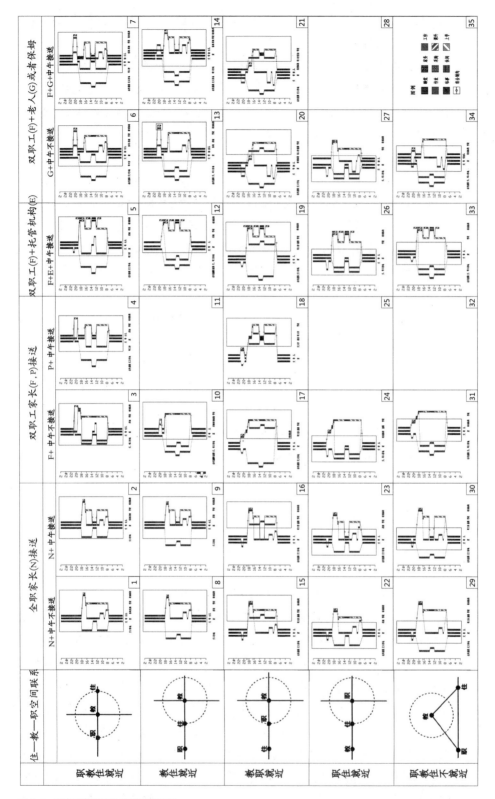

图4-4　家庭通学出行的30种时空路径

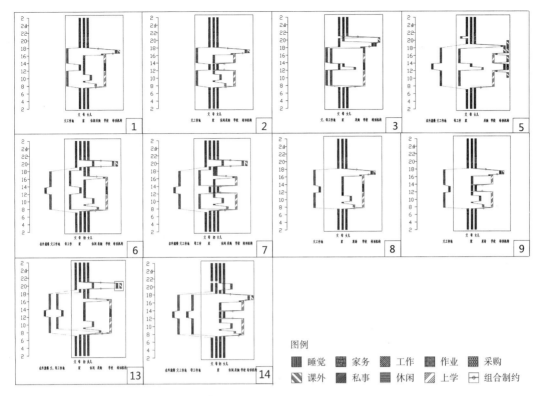

图例 ▨ 睡觉 ▨ 家务 ▨ 工作 ▤ 作业 ▨ 采购
      ◨ 课外 ◧ 私事 ▬ 休闲 ▨ 上学 ⊙ 组合制约

图 4-5 时空制约程度小的家庭通学时空路径示意图

时空制约程度小的家庭通学出行方式

表 4-8

通学活动路径编号	工作状态	家庭类型	住—教—职空间约束程度	接送频率的制约	接送主体	出行方式
路径③	F-双职工家长	2代居	住—教—职空间就近	2次/d，学校延长孩子在校时间，方便家长接送，时间制约小	双职工家长	步行
路径①	N-父母一方工作，一方无工作	2代居	住—教—职空间就近	2次/d，时间制约小	全职家长+上班家长	步行
路径⑥	F-双职工家长	3代居	住—教—职空间就近	2次/d，时间制约小	双职工家长+家里老人	步行
路径⑧	N-父母一方无工作	2代居	住—教空间就近	2次/d，时间制约小	全职家长	步行
路径⑬	F-双职工家长	3代居	住—教空间就近	2次/d，时间制约小	家里老人	步行
路径②	N-父母一方工作，一方无工作	2代居	住—教—职空间就近	4次/d，有一定的时间制约，但程度较小	全职家长+上班家长	步行
路径⑤	F-双职工家长	2代居	住—教—职空间就近	2次/d或4次/d，委托托管班接送孩子，减少时间制约	双职工家长+托管班	步行
路径⑦	F-双职工家长	3代居	住—教—职空间就近	4次/d，有一定的时间制约，但程度较小	双职工家长+家里老人	步行
路径⑨	N-父母一方无工作	2代居	住—教空间就近	4次/d，有一定的时间制约，但程度较小	全职家长	步行
路径⑭	F-双职工家长	3代居	住—教空间就近	4次/d，有一定的时间制约，但程度较小	家里老人	步行

2. 类型二：空间或者时间一方对家庭有制约作用，多数状态

当住—教—职空间距离就近时，4次/d的接送频率与接送时间；当住—教—职空间两两就近，对通学出行有一定的制约（图4-6，表4-9）。

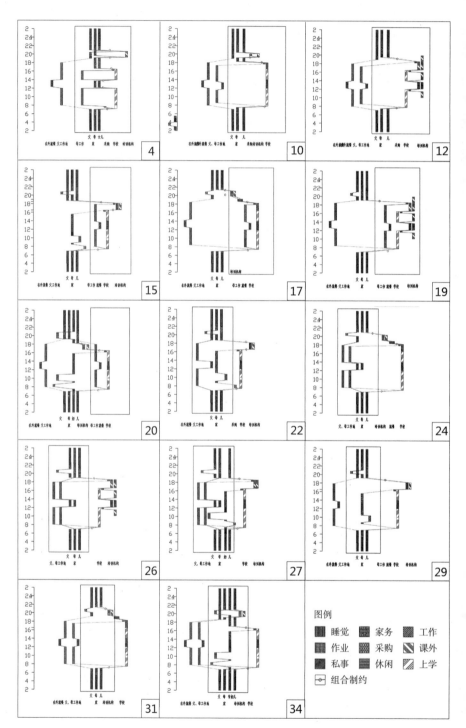

图4-6 空间或时间一方制约的家庭通学时空路径示意图

编号	工作状态	家庭类型	住—教—职空间联系	接送时间的约束	接送主体	出行方式
路径4	P-父母一方工作时间灵活，可以接送孩子	2代居	住—教—职空间就近，空间制约小	4次/d，工作时间自由的家长可以接送，但仍有一定制约	双职工家长+工作时间较灵活的一方家长	步行
路径17	F-双职工父母	2代居	教—职空间就近	2次/d，对上班就近的家长制约较小	工作家长	机动车
路径10	P-父母双职工，一方工作时间与上学时间错时（比如朝九晚五）	2代居	住—教空间就近，工作地与学校的距离有一定制约	2次/d，时间错时，制约较小	工作时间较灵活的一方家长	机动车
路径24	P-双职工家长，父母一方工作时间灵活（或者朝九晚五），可以接送孩子	2代居	住—职教空间就近，居住与学校的距离对孩子出行有一定制约	2次/d，工作时间自由的家长可以接送，但仍有一定制约	工作时间较灵活的一方家长	机动车
路径31	P-双职工家长，一方工作时间自由	2代居	住教职空间都不就近，长距离出行对孩子与家长有一定制约；	2次/d，远距离出行制约程度加大	工作时间较灵活的一方家长	机动车
路径12	F-双职工父母	2代居	住—教空间就近，工作地与学校的距离有一定制约	2次/d或者4次/d，委托托管，对家长约束较小	工作家长+托管机构	机动车
路径15	N-父母一方为工作，一方无工作	2代居	教—职空间就近，居住与学校的距离有一定制约	2次/d，对全职家长约束较小	工作家长+全职家长	机动车
路径19	F-双职工父母	2代居	教—职空间就近，居住与学校的距离有一定制约	2次/d或者4次/d，委托托管，对家长约束较小	工作就近家长+托管机构	机动车
路径20	F-双职工家长	3代居	教—职空间就近，居住与学校的距离对老人远距离出行有一定制约	2次/d，时间约束较小	工作就近家长+家里老人	机动车
路径22	N-父母一方无工作	2代居	住—职空间就近，	2次/d，时间约束较小	全职家长	机动车
路径26	F-双职工家长	2代居	住—职空间就近，居住与学校的距离对孩子和家长出行有制约	2次/d或者4次/d，委托托管，对家长约束较小	工作家长+托管机构	机动车
路径27	F-双职工家长	3代居	住—职空间就近，居住与学校的距离对孩子和老人出行有制约	2次/d，时间约束较小	工作家长+家里老人	机动车
路径29	N-父母一方为工作，一方无工作	2代居	居住与学校的距离对孩子出行有一定制约	2次/d，时间约束较小	全职家长	机动车
路径34	F-双职工家长	3代居	住—教—职空间不就近，居住与学校的距离对孩子和老人出行有制约	2次/d，时间约束较小	家里老人	机动车

4/d次的接送频率与接送时间，对于住—教—职就近的双职工家庭，有一定的时间约束（路径④）。

"教—职"就近时，通学距离变大（路径⑰）；"住—教"就近"住—教"分离的家长接送距离加大（路径⑩），如果学校提供了午餐午休托管以及后延点服务，孩子可以延长至家长下班接送，时空制约较小。

"教—职"就近和"住—职"就近的非上班家长接送，中午不接送，时间制约较小（路径⑮、路径⑳、路径㉒、路径㉗、路径㉙）。

中午接送的话，通过调整接送主体来减少时空制约（路径⑫、路径⑲、路径㉖、路径㉞）。

3. 类型三：时间空间都有制约，极限状态

当空间距离加大，加之4次/d的接送频率与放学时间，对家庭通学行为制约程度变大。"职—教"就近可以满足中午接送（路径⑱），有非上班家长帮忙可以减少时空制约（路径⑯、路径㉑）。当"住—教"分离，多频次接送对于全职家长（路径㉓、路径㉚），以及委托给托管机构的双职工家长（路径㉝），仍然有较大的制约（图4-7，表4-10）。

4. 类型四：时空制约程度大，不稳定状态

路径⑪、路径㉕、路径㉜说明了4次/d的接送频率对远距离居住的、2代居双职工家庭来说，时空间制约非常大；路径㉘、路径㉟说明，4次/d的接送频率、长距离出行对老人时空制约较大；这几种类型都是不稳定的状态。调研发现，这种情况下，家庭会通过委托培训机构接送或者就近租房等方式，减少通学出行的时

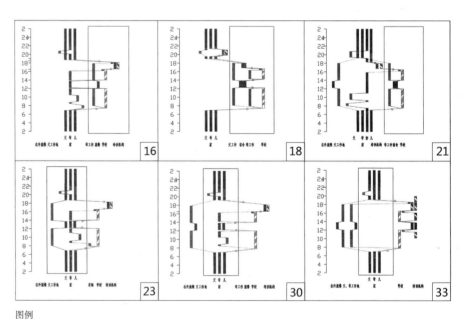

图4-7　空间和时间都有制约的家庭通学时空路径示意图

图例

▓ 睡觉　▧ 家务　▨ 工作　▤ 作业　▦ 采购　◣ 课外　▨ 私事　■ 休闲　▨ 上学　⊡ 组合制约

编号	工作状态	家庭类型	住一教一职空间约束	接送时间的约束	接送主体	出行方式
路径⑱	P–双职工家长,一方工作时间自由	2代居	职一教空间就近,居住与学校的距离有一定制约;父母单位有宿舍可以解决中午休息问题	4次/d,对工作时间自由的家长制约程度加大	工作家长	机动车
路径㉑	F–双职工家长	3代居	职一教空间就近,居住与学校的距离有一定制约;父母单位有宿舍可以解决中午休息问题	4次/d,对老人远距离出行制约程度加大	工作就近家长+家里老人	机动车
路径⑯	N–父母一方为工作,一方无工作	2代居	职一教空间就近,居住与学校的距离有一定制约	4次/d,对全职家长制约程度加大	工作家长+全职家长	机动车
路径㉓	N–父母一方为工作,一方无工作	2代居	当住职空间就近,居住与学校的距离有一定制约;	4次/d,对住家远的家长制约程度加大	全职家长	机动车
路径㉚	N–父母一方为工作,一方无工作	2代居	当住教职空间都不就近,居住与学校的距离有一定制约;	4次/d,对住家远的家长制约程度加大	全职家长	机动车
路径㉝	F–双职工家长	2代居	住教职空间都不就近,长距离出行对孩子与家长有一定制约;	2次/d或4次/d,远距离出行制约程度加大	工作家长+托管机构	机动车

空制约。

通过分析可以看出,住教就近,时空约束程度较低,通学步行出行可达性较好。随着空间距离的加大、接送频率的增加,时空约束程度增高,通学出行方式主要为机动车出行。通学出行的制约程度也是动态变化的,学校接送时间以及接送频率等时间制约来自学校管理,学校是否能提供中午托管以及后延点班对家庭制约较大。"住教职"时空联系方式也对通学出行有较大制约,但是家庭可以通过租房、借房等行为改变空间就近状态,以减少空间制约,还可以通过转换接送主体,改变对上班家长的时空制约程度。

4.5 家庭通学出行时空制约

通学出行行为是家庭主观意愿与客观建成环境制约的双重结果。用时间地理学的核心方法,即通过能力制约、组合制约和权威制约的三大制约,可以解释影响通学出行的内在机制。

4.5.1 能力制约

作为通学出行主体的小学生,能力制约主要来自生理性制约和安全性制约。

1. 生理制约——出行速度慢,距离短

年龄不同,步行速度也不同。对于青年人来说,步行速度60~70m/min,疲

劳间歇期是30min；老人与孩子是40～50m/min，疲劳间歇期为20min。从生理特点来看小学生步行速度慢，疲劳间歇期短，出行距离较短。以教育设施合理服务半径500m，推断出小学生合理的步行出行时间是10～15min。

然而，城市小学布局对儿童出行能力考虑不足。比如小学入口距离公交站点距离远，步行时间较长等。调研的6个样本小学，小学门口最近的公交站往往通行公交线路少，公交线路较多的公交站点大多位于城市主干道上，大多数公交站距离都在300m以上，步行可达性较差。长距离换乘是影响小学生选择公交出行的主要原因。

2. 安全制约——安全需求高，需陪伴

安全需求高：一是小学生自身安全行为意识薄弱，走路过程经常伴随着跑、跳、嬉戏玩耍等行为，因此当人行空间与其他非机动、机动交通空间混用时，都对其带来危险隐患。二是，小学生对空间可能存在的危险事故缺乏足够的预判能力，比如在十字路口穿行马路需要与右转车辆争抢时间；在道路路口安全视距空间缺乏的情况下，无法预判是否有车辆而及时采取避让措施；在公交车辆不能定点停车，人们不得不追赶车辆而引起的不必要的剐蹭事故，等等。另外，社会上还存在一些极端恶劣的对儿童的安全伤害。综上，小学生出行对安全空间要求极高，小学生的上下学出行必然有家长伴随接送，这已是社会普遍现象。

4.5.2 组合制约

由于小学生通学出行伴随家长，家庭是组合行为的最基本单元。首先，通学行为将人进行组合，小学生与其家长必须在同一时间、存在于同一场所——即城市小学，家长与小学生的活动路径构成了一个活动束。小学生上、下学时间对于有固定地点、固定上班时间的家长来说，具有一定的限制。其次，通学出行将"住—教—职"空间联系也进行时空组合，对于家长来说小学不是通勤的目的地，更多的是顺路行为。城市小学通学出行的"人—时间—空间"三要素之间相互制约，影响家庭通学出行决策。

1. 接送时间对出行主体的制约

制约小学家庭接送主体行为的因素有两个——时间和空间。城市小学的接送时间对接送家长的约束性较强，尤其是对上班家长的时空约束最强，是决定接送主体的主要因素。

小学教学分为上午、下午两个时段。时间管理多采用上学时间固定，放学时间则根据年级高低错开放学的弹性管理方式。城市小学上学时间与城市通勤高峰时段基本一致；然而，放学时间常常与工作父母下班时间冲突。

当小学接送时间通常与上班家长上班时间冲突，通常会替换接送主体，由祖父母辈、亲戚或者教育服务机构等承担接送行为。另外，如果学校提供课后兴趣

班、延点班等，则能够满足家长下班后接送孩子的需求。

从表4-11可以看出，学校上学时间通常是早上8：00，到校时间比家长上班时间早一点（一般7：30左右就可以进校早读），下午放学时间比家长的下班时间提前。建大附小有后延点班、课外兴趣班，方便家长下班后接孩子，上班家长接送比例高；南湖小学放学后没有课外兴趣班，全职家长、老人和托管机构接管的较多。

6个样本小学接送时间   表4-11

样本小学	上学时间	放学时间	在校最多可延长的时间
后宰门小学	8：00	16：30	课外兴趣班
西师附小	8：00	15：50	课外兴趣班
建大附小	7：50	16：30	课外兴趣班与后延点班/18：00
翠华路小学	7：50	15：50	课外兴趣班/17：30
曲江小学	7：50	15：50	课外兴趣班/17：30
南湖小学	7：50	15：50	无

注：表中反映的是冬季作息时间；夏季放学时间推后30min。

2. 时空距离对出行主体的制约

出行时空距离对家庭通学出行的制约非常显著。

出行距离对不同的接送主体制约程度不同。根据出行距离，首先决策的是主要接送人，进而确定出行主体选择的接送方式。随着出行距离的增大，对接送家长主体的约束程度也增强。老年家长随出行时间和出行尺度的增加其比例会有一定程度的降低。根据调研数据（表4-12）：当接送距离在800m以内，祖母辈接送比例最高；当接送距离在800m-1500m时，祖父辈和妈妈是接送主体；当接送距离超过2500m，全职妈妈和工作在职爸爸的接送比例明显上升。

出行距离与接送家长、出行方式的关系   表4-12

空间距离	接送主体比例（前两名）	出行方式
800m以内	祖父<祖母	电动车（自行车）<步行
800～1500m	在职女家长<祖父	私家车<电动车（自行车）<步行
1500～2500m	祖父<在职女家长	公交车<私家车<步行<电动车
2500～3000m	在职女家长<在职男家长	公交车<电动车<私家车
3500m以上	在职男家长<全职女家长	电动车<公交车<私家车

出行时间对接送主体的约束不同。根据调研统计，一般情况人们单次出行普遍可以忍受的最长时间是30min，合理的出行时间是10～15min。出行时间对在职家长约束最明显；出行时间越长，对接送主体的精力、体力约束越明显。老年家长随出行时间和出行尺度的增加其比例会有一定程度的降低。根据对样本小学的

调查数据的整理分析，出行时间超过15min，奶奶辈家长明显减少；超过30min爷爷辈家长明显减少；长距离出行情况下，父母陪同比例更高。

3. 出行方式与出行主体相互制约

通学出行方式对接送人的制约较大（表4-13）。祖母辈通常是近距离步行接送，少数选择公交车；祖父辈出行一般选择步行、电动车或者公交车；全职妈妈以步行、公交和私家车为主；在职家长私家车出行比例较高。老年家长和女家长对城市公共交通依赖性强。私家车、电动车对老人家长约束最大，其次是女家长。

接送家长与出行方式、出行距离的关系　　　　　　　　　表4-13

接送主体	数量	距离				
		≤0.8km	0.81~1.5km	1.51~2.5km	2.51~3.5km	≥3.5km
爷爷辈	55	0+0+0+16	2+0+2+14	1+2+5+6	2+0+1+0	2+1+1+0
奶奶辈	46	0+0+0+23	0+0+0+8	0+2+1+3	0+1+0+0	4+4+0+0
双职女	61	0+0+0+14	4+0+1+11	3+2+6+4	5+0+2+0	6+3+0+0
双职男	45	0+0+0+11	3+0+3+5	2+1+5+0	6+2+1+0	3+3+1+0
全职女	56	1+0+0+9	1+0+3+9	3+0+3+3	3+2+1+0	9+7+2+0
全职男	5	1+0+1+0	0+0+1+0	—	—	3+0+0+0
保姆等	7	0+0+0+2	0+0+1+4	—	—	—
总计	275	2+0+1+2	10+0+12+46	9+7+20+17	16+5+5+0	27+18+4+0

注：根据建大附小、翠华路小学和曲江一小学校得出的数据。

表中数字组合表示不同交通方式组合数量，如"0+2+1+0"具体含义为"私家车0+公交2+电动/自行车1+步行0"

4. 其他制约因素

家庭经济条件、出行主体的环保意识、家庭出行习惯等都会影响出行主体决策出行方式。

根据已有研究资料，有车家庭、有二孩的家庭选择小汽车出行比例较高；重点学校的小汽车接送比例较高，一般小学步行比例较高；在西安，公交出行环境差，公交等候时间长，公交专用车道不连续等，都降低了人们选择公交出行的意愿。

4.5.3 权威制约

家庭组合决策行为除了受到家庭属性、微观建成环境的影响之外，同时受到政策制度、城市结构形态和家庭观念等因素的影响。

1. 制度政策影响空间联系

（1）学区制与住教就近

我国《宪法》第46条明确规定"中华人民共和国公民有受教育的权利和义

务"。义务教育是指国家有义务保障适龄儿童、少年完成义务教育，适龄儿童、少年的父母或其他监护人有义务送受其监护的适龄少年、儿童入学以完成法律规定的义务教育过程，学校承担着按照国家规定的标准完成义务教育的教学任务的义务。因此义务教育的主体由三部分构成：国家、父母或监护人以及教育机构。2006年修改后的《义务教育法》第12条规定，政府应当保障适龄儿童、少年"就近入学"。所以"就近入学"的义务主体不是所有适龄儿童，而是各级政府。《义务教育法实施细则》第26条规定，学校的设置是政府必须合理规划的强制性义务，通过立法规范政府履行保障适龄儿童实现"就近入学"的义务，而相对应的就是受教育者的法定权利。

"就近入学"实施的是学区制。学区制对所有受教育者划片入学，受教育者必须到指定的行政规划的学区接受义务教育，不得跨区"自主择校"，即人（户口）与地（居住住宅）关联的入学权制度，既要"按户口就近入学"，同时兼顾"按实际居住地就近入学"。西安市2017年公办小学、初中入学规定，凡年满6周岁（2011年8月31日以前出生）的适龄儿童，依据户口簿和儿童《预防接种证》登记入学；初中新生依据户口簿、《学生学籍档案》和《毕业生登记表》登记入学。未在西安市小学就读且具有西安市户籍、需回西安市就读初中的小学毕业生，持户口簿、《毕业生登记表》和小学毕业相关资料，到户籍所在地学区对应初中登记。小学班额不超过45人，初中不超过50人。进城务工人员随迁子女入学工作坚持"以流入地为主相对就近入学，以公办学校为主免试入学"的原则，实施以居住证为主的"四证审核"制度，由各区县教育局协调派位。但是，学区制意味公民的受教育权要服从政府的行政规划，一项宪法的基本权利和自由到了行政法和行政管理这一层面时，就成了教育行政管理规定的纯粹义务。

政府有义务提供就近入学的服务，城市小学的设置是为了促进适龄儿童的就近入学。根据宪法，我国儿童应该具有选择学校的权利，但不必有就近入学的义务。学区制将户籍、房产与入学权关联，抑制学生"自主择校"的选择意愿，同时会造成择校门槛增高，对弱势群体入学极为不利。尽管就近入学对普及义务教育起到了积极作用，保障了受教育者教育机会公平，但是自主择校则反映了儿童受教育权较高层面的要求。从教育理念上来看，教育公平应该建立在受教育者"自主择校"的基础之上。应该认识到，在我国教育资源不均衡现状下，教育均衡是个长期过程，"自主择校"有一定的合理性和长期性。

（2）单位制与教职就近

单位制是我国独具特色的社会组织形式，至今仍在影响一些居民的生活方式。单位作为国家代理，行使着全方位的组织、治理、发展、控制和资源分配等职能，是政治、经济与社会三位一体的合成物，故又被称为再分配制度。单位制自20世纪50年代初兴起之后，经过随后20多年的发展与完善，逐步成为国家管理和控制社会的主要组织形式。单位与个人也有着紧密的联系，单位从社会、经济、政治等方面对个人有着强制约束与引导；同时个人高度依赖单位获得既得利益与社会保障。

改革开放以后，单位制的职能与地位日益弱化，单位的住房福利由商品房取代；但是，还有一些事业单位的个人社会福利资源，依然高度依赖于单位的提供，比如义务教育等。这些单位制属性的中小学主要服务单位职工子弟，随着教育管理体制与企事业管理体制的改革，单位制属性的基础教育资源也逐步面向社会大众，但是办学规模小，对单位周边人口的服务效率较弱。西安的单位制中小学比例仍然较大。一些单位体制内的中小学校，办学时间长，教学质量较好，相对于公办或者民办学校，政策灵活，受限较少，逐渐成为具有竞争力的教育资源。比如西安五大名校，除一个是民办学校以外，其他四个都是事业单位办学。择校效应下，部分家庭会放弃家门口小学，而选择教学质量较好的单位学校，或者与单位有某种协议的学校，表现出职教就近的空间联系模式。

2. 城市形态影响通学可达性

城市形态缺乏构建公交都市的环境。由于城市化和人口增长，采用新区形式来进行城市扩张和通过市中心区改造来扩容，这种以土地导向的城市空间扩张必然引起人口与活动的错位，加剧了居民出行对小汽车的依赖，加之土地利用模式难以凝聚足够的公交客源，加剧了公交出行的难度。我国在城市扩张之初未能及时强调公交优先的重要性，为后面推行公交优先增加了难度。我国规划标准严格、僵化且缺乏创意，公交站距长、大尺度地块等，增加了步行的困难，经常绕道或者过街才能到达公交站的错误做法都降低了公交吸引力。

公共服务对通学出行有很大的约束。调研数据中，公交在所有出行方式中比例最低，因为公交可达性以及公交服务制约了家长的选择。

市民出行会考虑多种因素，包括时间价值的判断、机会成本和实际产生的财务成本等，此外若选用公交出行，也会考虑不同模式的公交服务和车辆到站频率和其他表现。市民的依赖性取决于公交是否比小汽车更具优越性。我国近年来大力发展公交，2012年发布了《国务院关于城市优先发展公共交通的指导意见》，交通部门在此基础上也提出16项"实施意见"，体现了国家对公共交通发展的重视，也明确了公共交通城市发展策略（TOD）的发展核心。虽然公交服务较之以往得到了很大改善，但是仍然存在以下一些缺点：（1）线路太长、道路拥挤，绕行太多，浪费时间；（2）不准点，车速慢；（3）换乘不方便；（4）车站远，车站混乱；（5）乘客太多，车厢太过拥挤，不舒服；（6）信息缺乏，不知道该如何换乘；等等。总体而言，市民需要的是安全、快捷、准点、舒适、价格合理、覆盖率高、多选择性、换乘方便、候车方便、一体化、符合市民要求和尊严的公交服务。

高德地图《2016上半年中国主要城市公共交通报告》综合城市站点覆盖率、城市出行成本、城市线路数量以及城市公交线网密度四个方面，得出了中国公交都市排行榜TOP20，其中西安市位列15（表4-14）。

中国主要城市公共交通情况　　　　　　　　　　　　　　　　　　表4-14

公交测度因子		排名第一的城市		西安市情况	
站点覆盖面积比率	500m覆盖率	上海	52.8%	排名15	15.2%
	1000m覆盖率		73.3%		24.4%
	1500m覆盖率		81.4%		30.1%
公交线路密度		深圳	2.51	排名16	0.35
公交出行成本	平均用时	厦门	42min	排名5	46min
	平均步行距离		582m		700m
	平均花费		1.49元人民币		2.19元人民币
	换乘次数		0.53		0.77
综合排名		上海、厦门		排名15	

数据来源：高德地图2016上半年中国主要城市公共交通报告。

3. 教育认知与资金投入

教育不均衡的主要原因是择校竞争。而问题的关键是政府治理。应试教育的价值取向是现行考试评价制度的后果，其中义务教育阶段办学理念的改变尤为重要。义务教育不是培养拔尖创新人才，而是对青少年人格养成、身心健康和国民素质的培养。面向儿童的基础教育应当是一种基本标准（最低标准），而不是先进标准。在整体标准的基础上，针对少数优异学生个别化培养，而不是整体提高教学标准。只有在一个正常的教育生态环境下，才有可能实现教育均衡。

教育质量均衡是教育设施均等化的前提。教育均衡离不开政府对教育的资金投入。近几年西安市教育经费保持了较高的增长速度，2009年教育经费支出39.24亿元，增长19.26%，财政性教育经费占生产总值比例为1.44%，但低于全国同类城市。其中基础教育支出达26.25亿元，增长23.13%，重点在保证农村义务教育经费上，而对于城区学校的投入比重相对较低。2009年全市教育专项经费支出增长6.32%，其中用于成市学校的专项支出仅增长3.94%。随着城市化进程加快，随迁子女快速增长，对城区学校造成巨大的压力，急需加大城区学校基础教育投资，增加学位，改善办学条件。

4.6 家庭通学出行时空特征分析

根据家庭出行特征调研、家庭活动路径分析以及家庭通学出行满意度调查，最终得出家庭通学出行空间模式，简单概括为："15min通学时空距离，3个出行时空范围，3种空间联系模式。"

4.6.1 时空距离扩大且时空稳定

调研显示，大部分小学生出行仍以步行为主，机动车出行比例在不断增加，相应的家庭出行范围也在不断扩大。由于出行方式不同，出行范围也有差异，用"时空距离"更有利于反映城市小学家庭的空间分布状态。

从西安市整体城市小学出行可达性分析来看，15min步行距离是比较经济的空间分布距离。从家庭调研问卷统计来看，家庭期望的理想通学出行时间是15~20min；各种通学出行方式的平均出行时间约为15~20min。家庭通学出行具有空间集聚与时空稳定的特征。

将城市小学家庭基于不同出行方式的通学路径图示化表达（图4-8~图4-13），可以看出：（1）家庭具有较强的"空间就近学校"的需求，家庭通学距离呈现扩大趋势；（2）城市小学教学质量越好，通学距离扩大越显著；（3）城市小学的学区规模差异很大，家庭通学尺度与小学学区范围不符，与城市小学规划500m服务范围也不一致；等等。

4.6.2 三种住教职空间联系模式

家庭通学出行不仅仅是主观对空间的选择，也是空间对主体行为的制约，即通学出行是家庭在"住—教—职"的空间联系模式（空间要素）以及城市小学的接送时间、接送频率（时间要素）共同影响下的家庭选择结果。由于小学生生理和安全因素以及家长时空约束的内在机制，空间就近，或者行为活动的空间连续可以减弱对接送主体的时—空间约束，进而影响家庭生活品质。

相对而言，空间联系模式对家长的制约最显著；"住—教—职"的空间联系模式是制约家庭出行行为的重要影响因素，空间约束增加家庭的出勤成本（见表2）。其次是接送时间、接送频率；接送频率会增加对家长的时空约束，尤其对工作家长影响最大，对非在职工作家长影响相对较小（如图4-14中（e）、（f））。在时空约束的基础上，家庭决策出行主体、出行方式等。

多类型空间联系模式决定了通学出行方式的多样性。总体来说，通学出行的空间联系模式可以分为三类：住教空间就近、教职空间就近以及住教空间分离。在这里，就近指的是合理的步行可达范围。根据调研情况，任何学校都存在这三种住教空间联系模式，只是各自的比例不同。

在步行出行范围内"住—教—职"三者就近（如图4-14（a）），对接送家长的时空间约束最小，这种模式也最理念。其次是"住—教"在步行可达范围内就近，对接送家长的空间约束较小，但是接送频率、接送时间仍有一定的制约，这种空间模式与目前城市小学配置模式一致（如图4-14（b））。

当小学生家庭选择家长上班地附近的城市小学时，家长可以上下班顺路接送孩子，表现出"职—教"就近的空间模式（如图4-14（c）），约束程度一般。

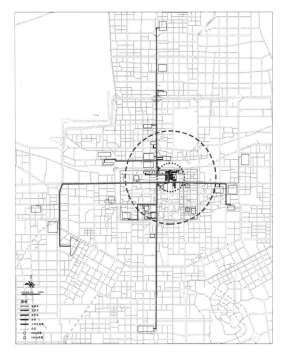

图 4-8 后宰门小学通学路径

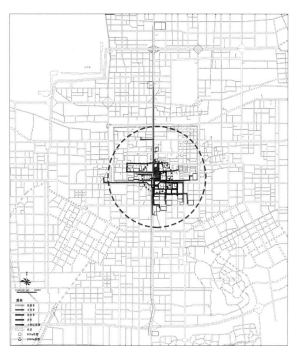

图 4-9 西安师范小学通学路径

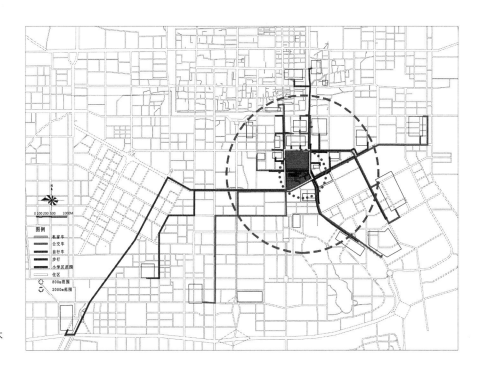

图 4-10 西安建筑科技大
学附属小学通学路径

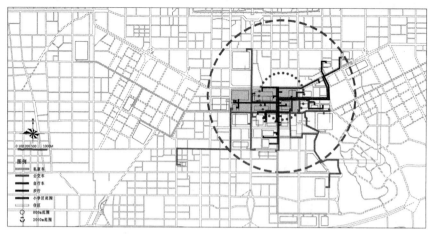

图 4-11 翠华路小学通学
路径

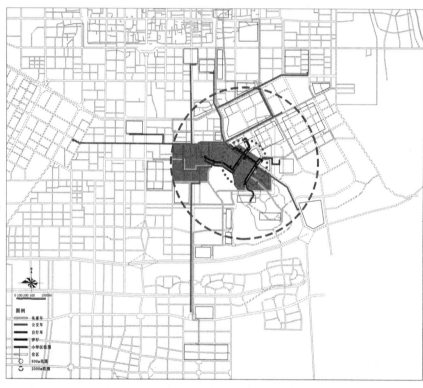

图 4-12 曲江一小通学
路径

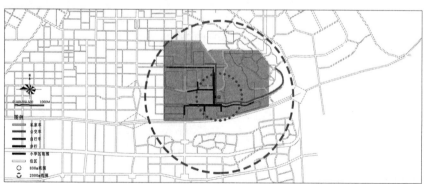

图 4-13 南湖一小通学
路径

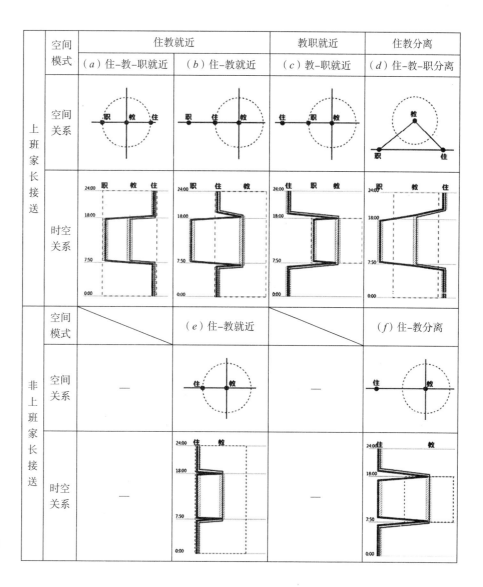

図4-14 通学行为的"教住职"时空关系分析

当住职分离以及择校行为的影响下，出现"住—教—职"三要素分离状态（如图4-14（d）），家庭出行时空约束最大。当住家与学校之间的通勤成本过高时，家庭会重新选择"住家"的位置（通过买房、租房或者借房等形式），就近居住地附近小学教育设施，或者就近工作单位附近的城市小学，改变原有的空间联系模式，减少空间制约。

通过家庭通学空间联系模式分析，可以看出只有"住教"就近的空间模式与我国城市小学空间配置方法一致。然而，实际"职教就近"以及"住教职分离"的空间联系模式在原有的布局方法中被忽视。然而根据调研与以往研究显示，接送孩子是否顺路与上班时间、家与学校的距离等对各类学校样本群体的出行选择均具有显著影响。

空间模式	a	b	c	d	e	f
空间关联度高	3高	9低	5较高	11最低	1最高	7较低
时间约束程度低	3低	9高	7较高	11最高	1最低	5较低
出勤成本少	3低	9高	5较低	11最高	1最低	7较高

注：根据等差数列表示程度关系，数值越低表明程度越好。

4.6.3 三种通学出行时空范围

1. 15min通学出行圈

　　家庭接送主体在可以承受的出行时间内，选择适宜的出行方式。通学出行方式有：（1）步行；（2）自行车和电动车；（3）公交车、校车、地铁；（4）私家车。调研结果反映西安骑自行车出行的比例极低，并且《中华人民共和国道路交通管理条例》明确规定，未满12周岁的儿童不允许骑车上路，对自行车出行方式忽略不计。电动车速度快、出行距离较远、方便快捷，常常取代公交等机动车出行，但是经常占用人行道，对行人有一定的安全隐患，将电动车归为机动车出行大类。因此，通学出行方式大致分为步行和机动车两种。

　　将城市小学家庭基于不同出行方式的通学路径图示化表达，可以看出：

　　（1）调研小学的小学学区规模差异很大，家庭通学尺度远与小学学区范围不符，与城市小学规划500m服务范围也不一致。

　　（2）尽管家庭具有较强的"空间就近学校"的需求，可以看出家庭通学出行的尺度呈现扩大趋势，并且城市小学教学质量越好，通学出行范围扩大越显著。

　　（3）家庭通学出行时空范围差异较大，根据出行方式不同，可以将城市小学服务范围划分为步行15min出行圈和公交15min出行圈。

　　城市小学通学出行决策主要是家长，步行速度参考成人，选用4.2km/h，由于前行方向有各种遮挡如建筑物、交通管制等会影响穿越速度，实际出行速度会有一定折减，折减系数取80%，15min步行出行距离大约是800~1000m，服务范围大约在1.5~3.0km²；公交速度参考20km/h，公交速度折减系数取60%，15min机动车出行距离大约是2500m，服务范围大致30~40km²。

2. 5min的日常设施圈

　　根据调研，接送人对生活服务设施，如菜市场、便利店以及休闲场所等布局临近城市小学表现出明显的需求。

　　对于上班家长理想的是在上下班途中顺道接送孩子上下学，以及顺道采购日常生活用品。对于非上班家长如祖父母家长、亲戚或者保姆负责，他们也会在接送活动前后，顺路采购家庭日常生活用品、或者进行休闲锻炼。因此，从出行效率来看，一般通学出行的成人都具有多目的出行的特点。从调研来看，城市小学

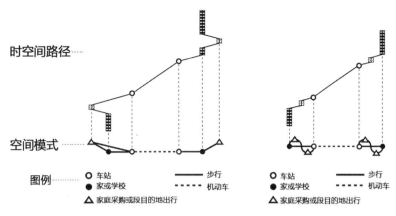

图 4-15　基于家庭通学出行多目的规划整合方式

接送前后的采购等日常行为使得路线折返　　　在接送过程中"顺路"完成采购等日常行为

周边公服设施多的，如菜市场、超市、休闲小广场等，则接送家长多目的行为明显。非上班家长比上班家长多目的出行需求强烈。

多目的行为与距离、交通便捷度有关。距离越近、停留点的生活服务设施空间越集中，交通出行方式越便捷，发生多目的出行的可能性越大。柴彦威在对日本家庭多目的出行和中国兰州家庭单目的出行进行对比研究时，发现公共设施与交通一体化布局影响家庭出行的效率。

然而，城市小学与公交出行整合程度较低，公交站周围用地以及功能布局未能从家庭出行角度进行合理功能整合，往往步行路程折返程度高，实际步行距离较远。相比较城市新区，老城区的土地利用混合程度高，生活服务设施密度大、便捷度高，通学出行的多目的行为较多。城市小学周围通过高质量城市设计结合公交站点设计和公共服务设施布局（图4-15），就可以满足家长接送行为过程中的日常采购、休闲等行为需求，更好适应了家长多目的出行特点，提高出行效率。

4.7　小　结

我国城市小学是在基于步行可达性的空间布局。通过家庭调研问卷的汇总分析发现，城市小学通学出行的特征发生了变化：（1）城市小学家庭通学出行大约是15min出行时距，并且时空距离相对稳定，城市小学服务范围比500m服务半径扩大；（2）出行方式以步行和私家车为主，长距离出行比例增多，但是公交出行比例很低；（3）不同出行方式下，通学出行时空可达性差异较大，公交出行效率较低；（4）接送频率与接送时间对家长制约明显，尤其是工作家长；（5）接送家长以老人为主，上班家长比例不足1/2；等等。可以看出，我国城市小学布局方法与家庭通学时空出行实际情况并不完全匹配。

家庭通学出行满意度整体较低，出行期望表现为：偏好短时空距离通学、弹性学校时间管理、较强的公交出行意愿、学校临近日常生活设施以及儿童步行友好设计需求，等等。家庭出行的满意度较低，主要是传统城市规划方法对制约的认识不足。

运用时空棱柱的表示方法，总结了30种家庭通学活动路径类型。发现家庭通学出行是主观选择与客观制约的结果，主要来自能力制约、组合制约和权威制约三方面的约束。能力制约体现在基于小学生的生理特征，要求通学出行距离短、而出行速度慢；对通学路程安全需求高，需家长陪伴。组合制约体现由于通学出行的双主体（小学生和家长），"人—时间—空间"三者之间相互影响，相互制约。其中"住—教—职"的空间联系模式对家庭通学出行决策的影响非常显著。权威制约主要体现在教育政策、城市形态、住房市场等对家庭通学出行决策有重要影响。

基于分析总结通学出行时空特征表现为：（1）通学出行时空距离扩大但具有时空稳定性特征；（2）三个通学出行时空范围，即步行15min出行圈、公交15min出行圈和步行5min日常设施圈；（3）三种空间联系模式，即住教就近、教职就近、住教不就近。

城市小学是基于步行可达性和配套周边居住用地的原则进行布局。随着城市发展，受教育资源以及人口结构变化等的影响，城市小学规模发生调整；机动车保有量的增加和移动能力的增强，家庭通学出行方式；同时，城市小学的周边用地格局也在不断应对变化作出调整，城市小学及周边用地较之建校之初形成新的用地格局，形成了新的城市小学服务圈。本章探讨基于通学出行视角下城市小学服务圈建成环境的特征。

5.1 城市小学服务圈提出

5.1.1 日常生活圈

城市日常生活圈的实质就是从城市生活空间的角度理解城市活动移动体系与城市地域空间结构。生活圈规划是以人的行为为核心组织城市生活空间，均衡资源分配、维护空间公正和落实以人为本的新型城镇化的重要工具，因此生活圈规划是落实生活空间优化调整的有效途径。居民的日常生活圈划分为五个等级层次，即包括社区生活圈、基本生活圈、通勤生活圈、扩展生活圈以及都市区之间的协同生活圈的城市生活圈等级体系。

日常生活圈的特点，表现为：

（1）以人为本组织生活空间。以日常生活为对象，其目标在于实现公共生活的修复，改善生活环境，实现人的整体和全面发展。

（2）重视时间与空间的整合分析。日常生活包括时间与空间两个维度的概念，因此日常生活圈除重视空间因素外，还应重视时间因素；考虑生活圈的活动移动行为，注重出行的时间而不局限于空间因素，借鉴"时间距离"等概念考虑时间预算、机会空间与时空可达性等问题，表现出时空整合关联的特征，从而提高地方的实际可达性。

（3）体现自下而上的技术路线。生活圈规划面向生活空间，贴近人与人的日常生活，适用微观性而非宏大的空间构建方式，贴近共识性的行动规划。

基于时空间行为的日常生活圈规划可以推进公共服务在不同阶层、不同地域空间上的均等化，是解决目前城市问题，优化城市生活空间结构，促进区域协同发展，切实提高居民生活质量的有效途径。

5.1.2 城市小学服务圈

城市小学服务圈是受城市日常生活圈概念启发下产生的。相邻的几个居住组团共享城市基础设施，如小学、卫生服务站、大型超市等，各自的社区生活圈会重叠交错，构成城市基本生活圈。城市基本生活圈深入到微观层面的日常生活空间，重点研究空间规划与居民实际生活的互动关系，一方面通过提炼居民日常生活规律，转译为空间规划配置依据，从而确保规划更好地贴近和匹配日常生活。另一方面，通过空间规划改变居民生活习惯和生活方式，引导转向更加健康、绿色和活力的生活方式。

长时间在一个学校上学的儿童家庭，通过通学行为与城市小学保持比较稳定的时空联系。并且这些家庭共同拥有各种各样的活动，不仅在儿童之间，而且在其家长以及周围居民之间就会产生各种联系，逐渐演变成一种以小学为中心的社会化区域，形成基本生活圈的一种类型——城市小学服务圈。

1. 尺度推演

目前有关通学出行实证研究总体来说绝大多数是建立在社区尺度上的。一般采用个体住家或学校1km范围内的建成环境变量。如米特拉在2010年的研究中取样本住家与学校400m缓冲区作为研究空间单元；潘特在2010年分别取样本个体住家800m缓冲区、通学路径100m缓冲区作为研究范围。不同的研究空间范围会致使同一建成环境因子对通学出行影响的结果存在差异，这其中牵涉到社会科学研究中一个基础性的方法论问题，即可修正性面积单元问题（MAUP）。相关研究表明：建成环境因子对通学出行的影响系数因研究范围的变化而显示出不连续性，并有随着研究空间单元尺度的增大，关联性有降低的趋势，更多建成环境因子在400m研究缓冲区中显示出与通学出行的关联性。

根据前面调研结果，可以看出西安市主城区家庭通学出行尺度呈现扩大趋势，但是时空距离具有稳定性；表现为出行的三个圈层，即步行5min设施服务圈，步行15min通学出行圈和公交15min通学出行圈。步行15min通学出行范围是研究重点，是因为：（1）就近距离：步行15min服务圈内的城市小学家庭所占比例为多数。并且，城市规划要为居民提供就近入学的空间配置服务，城市小学步行服务圈建成环境应该是研究重点。（2）研究尺度：步行15min服务圈的尺度与邻里社区（neighborhood）接近，与城市小学500m空间服务半径大致差不多。由于城市社区是城市构成的基本单元，在邻里社区尺度的规划和设计标准最终会影响整个城市和区域的发展，可以说邻里社区尺度的建成环境特征对家庭通学出行影响远比城市、区域尺度的影响更为重要。由于城市小学通学出行决策主要是家长，步行速度参考成人，选用4.2km/h，考虑到前行遮挡等因素适度折减步行速度。所以，步行15min通学出行范围对应的大约是800~1000m空间半径；5min设施出行范围大约是300~400m空间半径。

城市小学服务范围与家庭出行期望时间、城市小学办学规模以及城市空间形态等都有关系，所以每个小学的服务范围结合实际情况具有一定的弹性。步行15min出行时空范围结合城市小学规模最终确定城市小学服务圈范围。

2. 通学出行与建成环境的关系

Ewing总结了影响学生步行或者自行车出行选择的学校布局因素有：

（1）学校规模：在步行社区中的小学校比郊区大学校更加利于步行与自行车出行，而大学校可以吸引更大范围内的学生就学并且直接影响出行选择。

（2）学校建校时间：它是区分学校到底是邻里小学校或者郊区大学校的重要指标。

（3）社区人口密度与学校规模：社区人口密度越大，同时学校规模越小，则步行与自行车出行比例越高。

（4）家庭居住在学校1km范围内：这个因素是最重要影响因素。

（5）步行友好设计特征：距离学校入口250m的街道行道树，小街区路网设计与混合土地利用。

（6）家与学校之间的距离：小汽车出行比例与出行距离正相关。

（7）家庭小汽车拥有数量和父母职业地位：家长决策会影响家庭出行是选择健康自然还是小汽车的出行方式。

前文分析表明，通学出行是家庭在"住—教—职"的空间联系模式（空间要素）以及城市小学的接送时间、接送频率（时间要素）共同影响下的家庭选择结果。多类型空间联系模式决定了通学出行方式的多样性。总体来说，通学出行的空间联系模式可以分为住教空间就近、教职空间就近和住教空间分离三类。

因此，基于家庭通学出行需求，统筹城市小学与周边土地使用与交通系统，可有效促进城市小学家庭通学出行，尤其是步行或者公交出行。

3. 城市小学服务圈形成

城市小学与一定规模的居住人口和居住用地相匹配。

我国《义务教育法》为政府保障适龄儿童就近入学提供政策依据。城市小学布局依据《城市居住区规划设计规范》GB 50180—93（2002版），确定三个主要原则：（1）小学规模与居住小区人口规模（10000~15000人）相对应；（2）500m空间服务半径；（3）走读小学生不应跨过城镇干道、公路及铁路等。

长期以来，对城市小学服务范围的理解是500m空间服务半径。

随着城市发展，城市小学"住—教"空间联系模式和空间机会模式发生较大变化，家庭通学出行的时空距离差异化显著；城市小学周围建成环境的结构、规模和形态也在日益变化，城市小学与其服务范围也较之建成之初有很大变化。

基于变化的家庭通学行为与城市小学的互动关系，形成了新的城市小学服务圈。城市小学是无层级的城市公共服务体系，它的功能空间紧凑度与城市规模关系不大，是较为均衡配置的公服设施。依托城市小学形成的城市小学服务圈也是均衡的。

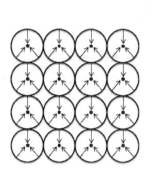 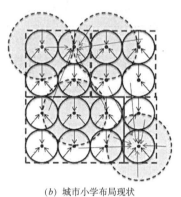

图例：

⊙ 500m服务半径

◎ 实际步行服务范围

图 5-1 城市小学服务圈演变示意

(a) 城市小学布局理论模式　　　　(b) 城市小学布局现状

城市小学服务圈与相关概念比对　　　　　　　　　　　　　　　　　　　　　　表 5-1

概念	城市小学服务圈	居住小区	学区
内涵	以城市小学为空间核心，以小学生家庭通学出行的合理时空距离所界定的，城市小学与其服务的居住人口共同组织成一个城市基本生活单元	居住小区是人口规模为10000～15000人，配建有一套日常生活服务设施的，不为城市道路穿越的居住空间。一般居住小区内设置一所小学，满足本小区儿童入学	保障适龄儿童少年在户籍所在地学校相对就近入学。公办学校（政府办学校、事业办学校）学区划分，由各区县教育局根据辖区适龄学生人数、校舍布点、所在社区、学校规模、交通状况、走读半径等因素，按照确保公平和就近入学原则，依街道、路段、门牌号、村组等因素，为每一所学校科学合理划定，做到全覆盖
边界	是居民出行能力制约下通学出行集中的活动范围	是被居住区级道路、院墙或自然分界线所围合的物质空间范围	由各区县教育局划定的行政管理范围
密度	高密度建成环境	高密度建成环境	不一定
空间规模	以城市小学为空间核心，家庭通学出行的合理时空距离，划定空间范围；城市小学步行可达范围，与个体移动能力和城市建成环境有关；城市小学规模与其服务范围匹配	居住区、居住小区与和居住组团是具有空间层级关系的居住空间，分别与一定的居住人口规模对应。居住小区的合理规模考虑成套基层公共服务设施的经济性和合理性	城市新、老城区城市小学密度差别大，学区规模也有较大的差异性。学区规模与区县行政边界、小学空间密度、小学教育质量等有关

5.2 城市小学服务圈建成环境影响因子建构

已有研究证明建成环境和通学出行具有影响关系。借鉴建成环境与通学出行的已有研究成果，重构基于通学出行的城市小学服务圈建成环境影响因子。

5.2.1 基于5D因子的指标建构

探索建成环境同交通行为之间的关系中，应用较为广泛的是根据"5D"因子的测度与分类方法。1997年塞韦罗（Cervero）和科克曼（Kockelman）将建成环境归结为三个重要的维度（3Ds），即密度（density）、多样性（diversity）和设计（design）。尤因（Ewing）等又增加"可达性"（destination accessibility）与"邻近度"（distantce to transit）因子，提出了"5D"模型。

通过梳理相关文献，可以总结出5D模型的一级二级因子包含以下内容：

密度（density）包含土地使用和道路交通两个方面。土地使用方面的密度指的是一个地区土地使用的密集程度，例如人口密度、建筑密度等，表示有多少居民在使用该土地，以及该块土地上建筑面积的多寡；道路交通方面的密度指的是一个地区路网发展的密集程度，包括路网密度与路口密度，一个地区道路交通系统的密度越高，则表示该地区有较高的交通可达性。

混合度（diversity）包含土地混合度和交通出行方式多样性。土地混合度表示土地使用（单位用地里土地类型以及空间功能的多样性）的情况。道路交通出行多样性指的是该地区能够提供的出行选择的种类多少，其中可供儿童使用的主要出行方式包含步行和公交。

设计（design）包含公共空间设计以及交通设施的设计等。是指一个地区的外在实质环境条件，设计会对使用者的舒适程度与使用意愿造成影响。

可达性（destination accessibility）具体指目的地可达性，测度出行者在街区之外进行活动的方便程度。对目的地可达性的研究可以是宏观区域尺度的，也可以是微观街区尺度的。在建成环境对居民出行影响的相关研究中，目的地可达性通常是微观街区尺度的。评价目的地可达性要素的指标有到城市中心的距离（通常指城市CBD）、到城市片区中心的距离、给定时间内到达目的地的数量等。

距离（distance to transit）具体指与公共交通车站的距离，测度公交服务如何吸引出行者步行到达或者离开。在研究中，通常用到公交站点的距离和到地铁站点的距离来表示。

很多学者基于活动分析法解释儿童通学出行决策影响因素。进一步梳理、整合各种指标，将建成环境D因子具有一致性的研究成果归纳为以下方面（表5-2）。

根据1996年塞韦罗的研究，建成环境的3D因子中，密度与出行方式的影响，相比较混合度和设计因子而言，具有明显的影响效果；混合度和设计因子也被认

类型	影响因子	研究结果
时空距离	总出行时空距离	出行距离与出行时耗是影响通学出行方式的主要因素。 在欧洲，各种交通工具的出行距离都比在美国短，是因为欧洲的开发密度高。荷兰44%的出行，丹麦37%的出行以及德国41%的出行距离都小于2.5km；而美国的数据是27%。 短距离出行的步行、自行车比例高。 2001年，尤因与塞韦罗对20世纪的研究工作进行了总结，发现一次出行距离主要受建成环境的影响，区域的建成环境对汽车出行的影响要比社区的建成环境大，重塑或构建一个城市或地区的空间结构是减轻汽车出行的关键。 美国CDC（the Center for Disease Control and Prevention）在1999年展开的一项调研显示从家到学校的距离是学生步行或者自行车出行的重要制约：2km距离内，5～15岁的学生中步行或者自行车出行只有2%。然而，距离在1km以内，这个比例也仍然很低，学生步行或者自行车出行比例仅有31%。由此可以看出，除了距离，还有其他因素影响通学出行决策
	家到学校的距离	"家到学校的距离在1英里以内"，是对步行出行影响的最大因素。 如果出行距离在1.6km以内，并且街区尺度小、住户密度大，有利于步行 从家到学校的距离是建成环境中最重要的影响因素。 步行和自行车出行时间少会提高步行与自行车比例
密度（density）	用地密度（人口密度、居住用地密度）	密度高支持步行，密度高意味着目的地彼此靠近。 高密度住区（美国人口普查街区分组水平为25000人/km²或97人/hm²）步行比例高。 赖利与兰蒂斯研究更发现，提高50%的建筑密度可增加40%的步行比例。 土地使用对通学出行的影响结果与年龄呈一定相关性：对青少年来说，高居住密度、高土地使用混合度、与商业及休闲娱乐用地临近与其步行行为相关，而对于儿童来说，其步行行为仅与休闲娱乐用地临近性相关。 根据Cervero的研究指出：建成环境的3D因子中，密度与出行方式的影响，相比较混合度和设计因子而言，具有明显的影响效果；混合度和设计因子也被认为与密度具有某种程度的关联性。 高密度区域则会鼓励步行行为，并提出在社区学校可能会提高步行上学的比率。 高密度、高混合度和使用栅格式街道网络的建成环境对降低出行距离和鼓励非机动化出行有显著的影响
	道路密度、交叉口密度	高密度与高混合度反而会减少步行或自行车出行比率，这是由赫尔辛基发达的公共交通网络影响而形成的结果。 更高的居住地密度以及交叉口密度有利于提高步行。 儿童更倾向于在高连接性、低交通容量的建成环境中步行，而高连接性、高交通容量则会减少步行比例。由于连接性较高的交通网络会承担较大的交通量，出于对交通安全的考虑，反而会减少儿童活跃交通比例。 路线直接性比率高反而会减少青少年步行或骑车比率，并指出这是由于连通性低的道路会提供更安全的交通环境。 街区路口密度相比街道连续性因子更加引导人们步行出行
多样性（diversity）	用地混合利用	麦克唐纳认为较高的居住密度与土地使用混合度有利于长距离出行决策中活跃交通的发生。 弗兰克认为土地使用的影响结果与儿童年龄相关：对青少年来说，高居住密度、高土地使用混合度、与商业及休闲娱乐用地临近与其步行行为相关，而对于学龄儿童来说，其步行行为仅与休闲娱乐用地临近性相关
	公交多样化	公共交通（公交车、校车、地铁等）的便捷与多样化可以减少私家车出行
	职住平衡	职住平衡比用地混合更能促进步行（Ewing & Cervero，2010）

类型	影响因子	研究结果
公交换乘距离 （destination accessibility）	公交换乘距离	新加坡，步行到公共交通站的平均距离超过600m。 加拿大多伦多，约60%的公共交通搭乘者居住在与公共交通站点直线距离300m以内的地方
	道路速度	车型速度>30km/h，以及不安全邻里环境会降低孩子步行比例
设计 （design）	邻里环境与街道设计	不安全邻里环境会降低孩子步行比例。 在街区尺度上，多数研究认为小尺度的街区会促进活跃交通。 对儿童而言，街道意味着可以提供体力活动和休闲活动的场所。 沿街口袋公园、开放空间等为孩子们提供游戏、健身场所。街道的低连通性以及低交通量有利于儿童展开户外活动。 麦克米兰提出道路两旁房屋窗户面向街道的比例与活跃交通呈现正相关关系，面向街道设计的房屋增加街道的安全感与亲近感，从而增加儿童活跃交通的机会。 更多的城市开放空间与行道树能促进步行行为。 有研究发现，学校周围应尽量避免商业行为的干扰，会增加交通事故发生的可能性。 在一些城市建成环境密度高的地区，街道设计也能对步行或者自行车出行产生明显的影响，如在住宅附近为骑车者和行人提供专用通道有助于促进绿色出行。街道的布局、连通性等对出行有重要影响
	运动设施、休闲空间	休闲空间，沿街商业空间有助于提高步行。 回家的路上如果设置运动设施、邻里社交空间以及安全的人行道设计、沿街有便利小店，这些因素可以促进步行活动。 如卡佛等发现住区周边有体育设施的男孩样本倾向于骑车出行，但对女孩样本并不明显。 奥尔顿等则在控制性别、年龄等因素后发现公园、体育设施与儿童、青少年活跃交通并不相关
	沿街商店	当出行距离在1英里以内，并且用地混合，且沿街开窗比例高，会有更多的步行比例
	空气环境	如果人行道或者自行车道有污秽垃圾、大量尾气或者不好闻的气味都会影响步行
	人行横道	无间断人行横道项目。 人行道和安全岛可以减少行人碰撞事故。 新的人行步道和合理交通管控可以提高步行出行。 主要道路的路边人行道，步行选择会增加。 当通学步道是街区内部的步行网络，可以增强步行的连续性。 人行道铺设完整度较高的建成环境步行上学的比例较高
	交通设施控制	交通静化、高能见度安全改进（红绿灯、人行横道和通道）等措施可以提高感官安全性。 如果道路交通量大，并且缺乏交通设施，会减少5~6岁小孩子步行
	自行车停车设施	缺乏步道设计以及自行车停车设施，会减少步行和自行车出行。自行车基础设施的缺乏是激励骑车出行的主要障碍之一。 人行道铺设完整度较高的建成环境步行上学的比例更高。 自行车专用设施（SBFs），如安全岛、凸起式路缘铺装等隔离机动车与自行车的基础设施，可提升骑车安全度，广泛地应用于荷兰与丹麦等城市，对骑车出行起着良好的促进作用

类型	影响因子	研究结果
学校属性	建校时间	是区分学校到底是邻里小学校或者郊区大学校的重要指标
	学校 注册人数	学校注册人数（school enrollment）与规模（school size）影响通学出行方式
	学校规模	学校规模小并且较高的居住人口密度更加支持步行出行率
	社区学校	麦克唐纳认为社区学校可能会提高步行上学的比率，并研究了社区学校（commuity schools）对学生活跃交通的影响，提出将通学距离控制在1~2km以内的社区学校促使更多的活跃交通与体力活动，但同时指出社区学校模式需要在小地块范围内足够的学龄儿童生源才能成立，即地块内需要一定的人口密度支撑，如步行距离在1.6km的社区学校，需要400人/km^{2}才能提供300个生源，而步行距离在1km则需要密度低于1500人/km^2。密度的限制使得社区学校并非具有普适意义，但从另外一个角度紧凑发展的社区有利于促进活跃交通的发生。 尤因在2004年提出不同规模的学校其建成环境的差异会影响活跃交通，如规模较大的学校往往意味着更大的建筑后退距离与停车位，而其实证研究显示学校规模与活跃通学交通联系并不明显，并指出早期研究中由于并未控制出行时耗因子而显示出学校规模与通学方式明显的关联性。 布拉扎（Braza）通过对34个小学实证研究发现规模偏小的学校及较高的人口密度会促进儿童活跃通学交通

资料来源：根据文献整理、归纳得出。

为与密度具有某种程度的关联性。

2010年，尤因（Ewing）与塞韦罗（Cervero）针对已有的文献做了一次汇总分析。区域的建成环境对汽车出行的影响要比社区的建成环境大，所以，重塑或构建一个城市或地区的空间结构是减轻汽车出行的关键。另一方面，几个不同的社区建成环境要素的叠加影响也是很显著的。尤因（Ewing）与塞韦罗（Cervero）研究结果还发现步行与建成环境5D因子中的设计（design）和混合度（diversity）更加密切，即与交叉口密度、住职平衡、步行距离内的目的地数量有很强的关联性。街区路口密度比街道连续性更加引导人们步行，因为当街区尺度过大时，街道的连续性反而制约步行行为。更有趣的发现是职住平衡比用地混合更能促进步行。公共交通和轨道交通的选择主要受公交站邻近度和街道网络的影响，其次与混合度有关。

5.2.2 基于规划视角的因子重构

建成环境"5D"因子通过一些量化指标有效解释建成环境与通学行为的互动关系。尽管5D因子里包含了土地利用、道路交通、城市设计等多种物质空间要素，但是，直接应用建成环境"5D"因子仍有一定的局限性。"5D"因子与中国规划体系的物质要素缺少衔接，并且还会因"5D"因子在不同研究尺度、不同空间要素中交叉纠缠而难以厘清，因此难以直接指导规划实践。

从城市规划的视角出发，汉迪（Handy）认为建成环境由土地使用、交通系统和城市设计三部分组成，土地使用指的是不同土地用途和活动类型的空间分布，包括各类活动的位置和密度等；交通系统包括提供人、场所、活动联结的路网结构，以及交通服务水平，如公交频率等；城市设计指的是城市中的物质要素，包括它们的排列和外观，与公共空间的功能和吸引力相关。弗兰克（Frank）同样将城市建成环境划分为土地使用、交通系统、城市设计三个层面，土地使用反映居住、商业、工业等用途在空间中如何分布，影响起讫点之间的临近性；交通系统为活动之间提供了连接，影响个体从出发地到达目的地的容易程度；城市设计特征影响出行个体的安全感知和吸引力判断，并最终影响个体决定是否选择步行出行。汉迪（Handy）认为建成环境是一个多尺度概念，如邻里建成环境、城市建成环境、都市区建成环境，在评估建成环境对居民活动出行行为影响时，应该在不同的空间尺度上分别测量建成环境的众多要素指标。

因此，从建成环境的概念内涵，借鉴建成环境5D因子，基于城市小学服务圈研究对象，重构影响通学出行的城市小学步行服务圈的建成环境指标。建成环境5D因子的密度和混合度指标中，都包含土地使用、道路交通子因子；设计指标包含了公共空间设计与交通设施设计的子因子，而换乘和可达性可以看作为道路交通因子。将5D模型的一级、二级因子重组，最终形成四个物质要素，即土地使用、道路交通、城市设计以及学校建设。如此，城市小学服务圈建成环境指标体系可以反映不同空间尺度建成环境要素的影响，也可以对接国内的城市规划、交通规划、城市设计、社区规划、学校建设等（图5-2）。

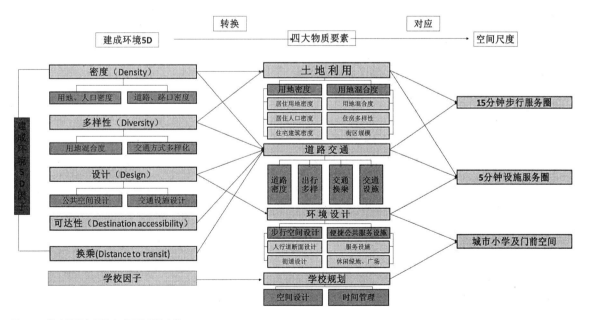

图5-2 影响通学出行的建成环境因子建构

影响通学出行的建成环境因子是个多尺度的概念，不同建成环境因子在不同尺度下测度更有意义。例如，区域尺度的用地密度、人口密度、混合度等比地块尺度的指标更能反映用地结构与职住平衡；然而，人行道宽度、绿道设计等测度则是尺度越具体越能反映步行友好空间设计质量，以及对小学生步行出行的影响程度等等。根据家庭通学行为分析，城市小学服务圈根据时空出行范围有三个服务圈层：即15min公交服务圈、15min步行服务圈和5min设施服务圈。不同的指标分别测度不同尺度上建成环境。本研究中，土地利用因子和道路交通因子对应的是城市小学服务圈步行15min出行范围；环境设计因子对应的是城市小学5min设施服务圈；学校建设因子就是城市小学建设空间。

5.2.3 影响因子与指标体系

1. 土地使用因子

城市土地使用因子反映城市功能空间形态，用地开发强度和人口数量，影响城市小学家庭通学出行方式以及出行路径的选择等，是建成环境的重要影响因子。

土地使用因子主要选取步行可达范围、密度（人口密度、用地比例和建筑密度等）与混合度、住宅价格度来测度。

（1）步行可达范围

步行可达范围与街区尺度、步行路网等有密切关系。街区规模以及街道的连续性会对儿童独自步行或者自行车的安全出行产生影响。是否临近公共休闲广场、街头绿地也会对通学出行路径选择产生影响。

（2）密度和混合度

在目前的研究成果中，虽不同实证对象结论有所差别，但都表明用地高密度与较高的土地使用混合度与活跃通学出行呈正相关关系。因为当一个地区人口数或者就业人数越多时，交通高峰期的交通量越大，容易造成道路拥堵，降低私家车出行的意愿，但是出行的需求并不会减少，因此会转向慢行出行以及公交出行的使用机率。高密度也意味着居住地更加临近城市小学，甚至就业地，通勤距离缩短，从而可以利用慢行交通方式出行。小学生步行通学只有在较近的距离才有可能发生。较高的人口密度、建筑密度和就业密度对于步行上学有正向影响，然而对家长开车接送上学的行为有负向影响。

（3）住房价格

多项研究表明，教育质量与住房价格有正向影响关系，居民愿意为优质教育资源额外支付费用；随着受教育水平和收入的上升，对于教育质量的支付意愿也在增加。所以，教育设施与住房市场的协调发展对于城市竞争力和可持续发展意义重大。如果教育资源附近的住房供给不足或者住房结构不合理，那么教育质量的资本化效应会被放大，人们获取教育机会的成本就会提高，进而影响家庭生活品质和城市可持续发展。

本研究增加"住房价格"指标，用来测度小学服务圈内住房选择的多样性。

2. 道路交通因子

道路交通因子影响建成环境的连通性、安全性与可达性。道路交通因子可分为密度因子、多样性因子和公交换乘因子。

（1）密度

包括路网密度、交叉口密度、公交路网密度等三级指标。当道路密度越高，表明道路系统越发达，体现较好的机动车可达性，可能提高私家车出行的比例，也意味着非机动车出行与公共交通使用比例减少，同时也会带来因使用私家车而产生的道路拥堵问题。连接性较高的交通网络会承担较大的交通量，出于对交通安全的考虑，反而会减少儿童活跃交通比例。然而，儿童独自出行多是步行、非机动出行或者公交出行，因此道路高密度可能对小学生独自出行产生负向影响。基于我国国情，宜探讨公交引导开发的城市用地模式，本研究增加"公交路网密度"测度通学出行的公交可达性。

（2）出行方式多样性

当交通出行多样性指标越高，表明能有多种出行方式能够让小学生方便地从住家到学校，将会降低家长使用私家车的比例，有利于小学生独自上学与公交出行具有正向影响。当出行多样性指标越高，可以增加儿童步行以及独自上下学的可能性。

（3）公交换乘

公交换乘包含各种公交出行换乘的情况，如公交站到小学门口距离、公交线路数量、公交站密度、校车数量与路线数量、地铁数量等。公交线路多、公交站密度大且学校门口临近公交站，对家庭公交出行的影响正相关。200m缓冲区内公交车站与学生步行上学的可能性呈显著相关。

3. 环境设计因子

环境设计影响行人美学感知、舒适性与吸引性，更多衡量的是城市建成环境的安全性和空间品质。相比于改变土地使用、道路密度、街道形式，环境设计是在城市更新中提升活跃交通比率成本较低、易于实施的措施。

包括友好步行空间设计、方便的公共服务设施。

（1）步行友好空间设计

开放空间（公园、广场等）设计，林荫道、人行道完整度、街道界面以及自行车道布局等。这些因子可以测度步行空间的安全性、便捷性和健康性。学校周围的步行空间设计，可以提高家庭步行的意愿。沿街商店可以增加街道活力，开放的街道界面有利于起到"城市之眼"的作用，也能顺道采购日用品。街头绿地、城市绿带为有步行意愿的家庭提供良好的绿色出行环境。

（2）交通设施

交通基础设施，包括人行道、步行道、自行车道、人行过街设施、自行车租赁点等设施，被认为是促进活跃交通的主要手段。对于儿童这一特殊群体，家长往往会担心孩子在缺乏人行道等设施的地方行走会遭遇交通事故，交通基础设施和增加活跃交通有很强的联系。

（3）公共空间及服务设施设计

小学周围的社区公服、教育机构、菜市场、超市、便利店、餐饮店，等等。土地利用对通学出行的影响结果与年龄呈现一定相关性：对青少年来说，高居住密度、高土地利用混合度、与商业及休闲娱乐用地临近与其步行行为相关，而对于儿童来说，其步行行为仅与休闲娱乐用地临近性相关。

4. 学校规划因子

学校建设因子分为时间管理和空间建设两个二级因子。城市小学的空间建设，如学校规模、停车场设置、校门前空间等，会影响家庭择校行为。城市小学时间管理对接送家长的时间制约很大，也会受到学校规模的影响。

5. 指标体系

建成环境对通学步行的影响，一级影响因子从土地使用、道路交通、环境设计、学校建设4个方面构建；二级因子12个，具体包含：可达范围、用地密度、用地混合度、道路密度、出行多样化、距离、换乘、交通设施、步行友好、便捷公服、时间管理、空间品质等指标；三级因子有38个（表5-3）。

建成环境影响指标体系与因子定义　　　　　　　　　　　　　　　　　　　　　表5-3

一级因子	二级因子	三级因子	定义	单位
土地使用	可达范围	用地规模	基于城市路网，在步行速度下，测得的城市小学步行服务范围内用地规模	hm²
		街区规模	小学步行15min服务圈内，由城市道路划分的城市街区平均用地规模	hm²
	用地密度	居住用地比例	小学服务圈内居住用地面积占总用地的百分比	%
		就业用地比例	小学服务圈内工商单位用地面积占总用地的百分比	%
		居住人口密度	小学服务圈内总居住户数与总用地的比例，单位：户/hm²	%
		总居住建筑面积	小学服务圈内总居住建筑面积，单位：万m²	%
	用地混合度	用地混合度	用熵值来衡度，即各用地所占面积比例之熵（entropy）值，熵值越大，则土地使用越多样。$$X_{MIX} = -\sum_h [D_h \ln(D_h)]$$ 其中，$\sum_h D_h = 1$，D_h为第h种用地的面积比例	—
	住房价格★	租房价格	城市小学服务圈内住房租赁价格	元/m²
		商品房价格	城市小学服务圈内商品房售卖价格	元/m²

一级因子	二级因子	三级因子	定义	单位
道路交通	道路密度	路网密度	每1km²城市道路的长度	km/km²
		路口密度	每1km²城市路口的个数	个/km²
		公交路网密度★	每1km²城市公交道路的长度	km/km²
	出行多样性	地铁线路数量	学校500m范围内地铁线路数量	个
		地铁站到学校距离	最近地铁站到学校距离	m
		校车线路数量	小学的校车线路总数量	个
		公交线路数量	小学500m范围内公交线路总数量	个
	换乘距离	公交站数量	小学入口500m范围内公交站数量	个
		最近公交站距离	小学到最近公交站距离	m
		公交线路数量	最近公交站的公交线路数量	个
		小学到城市道路的距离	小学到城市道路的距离	m
		小学到市中心的距离	小学到城市中心（副中心）的距离	m
	交通设施	自行车停放点数量	小学500m范围公共自行车停放点数量	个
		交叉路口数量	小学500m范围内人车冲突的交叉路口数量	个
		步行折返	小学500m范围内步行路线是/否存在折返	—
环境设计	步行友好	步行道宽度	小学500m范围内步行道平均宽度	m
		行道绿化	行道绿化品质（好中差）	—
	便捷公服★	菜场数量	建筑规模在200m²以上的集中菜场	个
		超市数量	建筑规模在200m²以上的大型超市	个
		便利店数量	便利店、小百货商店的总数	个
		餐饮数量	各种餐饮店的数量	个
学校建设	时间管理★	建校时间	学校建校时间	—
		生活服务	学校是/否提供午休服务与场所	—
		弹性放学	学校是/否有托管班方便或者兴趣班满足"弹性放学"	—
	空间建设	学校占地面积	小学总占地面积	m²
		总建筑面积	小学总建筑面积	m²
		生均用地面积	生均用地面积	m²
		生均建筑面积	生均教学建筑面积	m²
		空间质量	主要指教学综合环境（好中差）	—

注：★为本研究中新增的影响通学出行的建成环境因子。

5.3 城市小学服务圈建成环境分析

在西安市主城4区里37个小学阶段学区长学校中选择19个，以其城市小学服务圈建成环境为研究对象，分析建成环境对通学出行的影响与制约。

5.3.1 样本小学选取与边界划定

1. 样本小学选取

综合考虑西安市城市小学的条件（建成时间、学校规模、教育质量等），小学周边的城市建成环境等因素，在主城4区的三个环路以内，分别选取6～7个学区长小学，共19个，以保证样本在空间上分布均匀（图5-3，表5-4）。

2. 步行15min服务圈划定

根据城市小学家庭通学出行的时空距离，确定城市小学服务圈的研究边界。具体是通过GIS软件，在现状城市路网中得到步行15min的可达范围；其次，根据相关影响因素，如用地性质、用地入口位置、居住用地边界、相邻学区小学、相邻学区服务范围影响等，对服务圈边界进行再次修正，最终得出城市小学服务圈范围。例如西建大附属小学，通过GIS初步得到步行可达范围，修正在可达范围内居住用地完整的边界，去掉相邻小学的学区服务用地，最终得到该小学的服务圈范围（图5-4）。

3. 19个样本小学建成环境数据获取

根据城市小学服务圈建成环境指标体系，对样本小学周边的土地使用、道路交通、环境设计以及学校建校展开现状综合踏勘，并绘制图纸。

建成环境的数据分两次取得。2014年9月～11月期间对后宰门小学、西师附小、建大附小、翠华路小学、曲江一小和南湖小学的建成环境数据进行收集与整理。在2016年7月～8月期间，又补充调研整理13个学区长小学的建成环境资料。

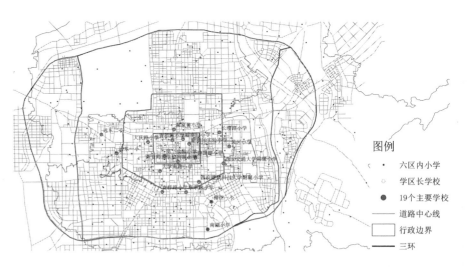

图5-3　19个样本小学位置图

19个样本小学基本特征

表 5-4

区位	序号	学校名称	城市区位	建校时间	学生规模（教学班/学生人数）	用地规模（m²）	总建筑面积（m²）
环城路以内	1	青年路小学	西北/莲湖区	1909年	24班/1277人	9730	—
	2	莲湖区第二实验小学	西南/莲湖区	1914年	24班/1370人	6658	6460
	3	西安师范附小	东南/碑林区	1908年	12班/660人	10150	8630
	4	后宰门小学	东北/新城区	1935年	46班/2600人	10495	6497
	5	西安实验小学	东北/新城区	1950年	39班/2236人	8267	9464
	6	建国路小学	东南/碑林区	1941年	21班/1100余名	4900	—
一环与二环之间	1	长缨路小学	东北/新城区	1971年	20班/1018人	8681	6504
	2	交大附小	东北/碑林区	1897年	42班/2000余人	9360	
	3	建大附小	东南/碑林区	1956年	21班/1350人	4860	2660
	4	大学南路小学	西南/碑林区	1920年	48班/2637名	13000	
	5	大庆路小学	西北/莲湖区	1941年	32班/1835人	12614	6598
	6	郝家巷小学	北/莲湖区	1956年	教学班36个	11000	
二环与三环之间	1	翠华路小学	东南/雁塔区	1960年	38班/2300人	12074	9513
	2	曲江一小	东南/雁塔区	2011年	34班（规划36班）/1870人	17020	11703
	3	吉祥路小学	西南/雁塔区	1967年	—	9200	
	4	黄河小学	东北/新城区	1958年	50班/2700余	17220	
	5	远东一小	西北/莲湖区	1957年	36班/2200余生	12000	10998
	6	远东二小	西北/莲湖区	1966年	60班/3300余生	24400	14250
	7	南湖小学	西南/雁塔区	2014年	14班（规划36班）/576生	10779	17000

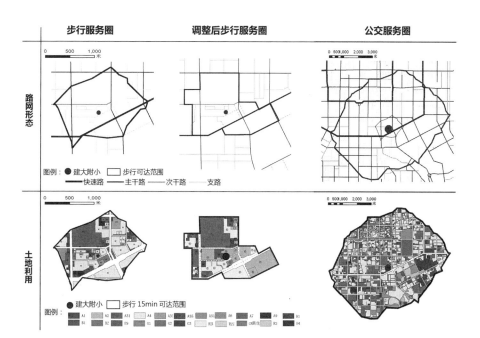

图 5-4 城市小学服务圈边界修正以西建大附属小学为例

建成环境数据一部分通过现场调研直接获取，比如公服设施与交通设施等（公交站点数量、超市数量、文具店等）的数量，以及居住楼的个数与层数等；还有一部分通过现场测绘，如人行道宽度、道路断面等；多数数据是在图纸上通过绘制、测量以及计算等方法获得，如用地比例、人口密度、用地混合度、路网密度、路口密度以及街区平均规模等。通过数据整合和图形绘制，获得样本小学服务圈建成环境综合现状资料（图5-5～图5-7）。

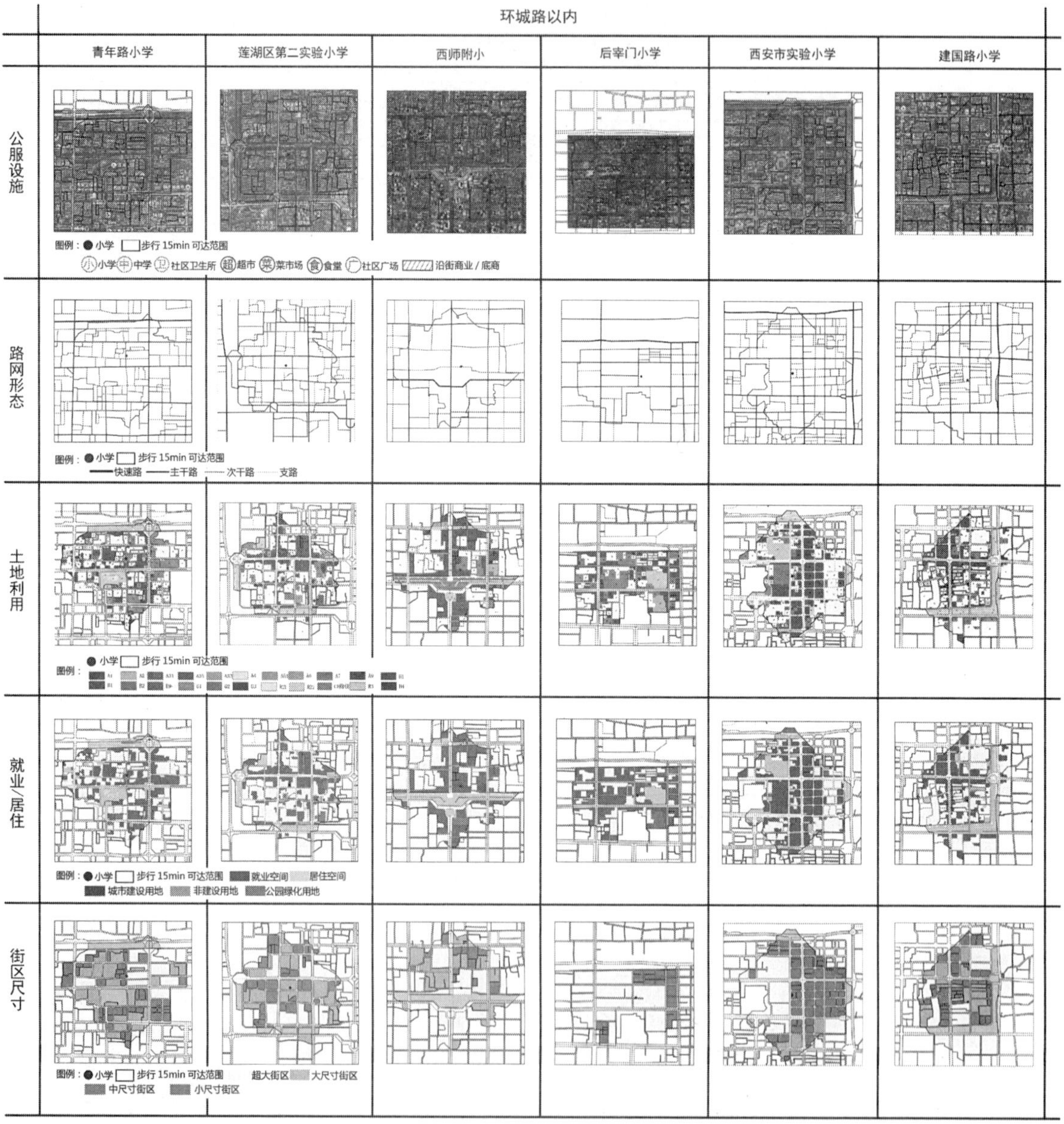

图5-5　一环以内样本小学服务圈建成环境示意图

5.3.2 土地使用

19 个样本小学建成环境之土地使用因子　　　　　　　　　　　　　　　　　　　表 5-5

因子 学校		土地使用							
		可达范围		土地密度				用地混合度		
		15min步 行范围 （hm²）	平均街区 用地规模 （hm²）	居住用地 比例（%）	就业用 地比例 （%）	人口密度 （户/hm²）	总居住建 筑面积 （万m²）	售房价格 （元）区间	租房价格 （元/月/m²）	用地混 合度
一环内	青年路 小学	251	5.59	37.51	25.61			5000～9000	18	1.75
	莲湖第二 实验小学	238	4.67	39	25.93			4000～7000	27～36	1.68
	西安师范 附小	240	4.53	29.53	35.96	70	122	5000～7000	19～26	1.71
	后宰门 小学	176	6.77	27.85	30.5	60	170	4000～9000	18～38	1.81
	西安实验 小学	251	3.64	24	36.52			5000～11000	25～29	1.76
	建国路 小学	244	3.81	41.4	21.15			5000～8000	18	1.62
一环与二环之间	长缨路 小学	228	8.43	47.23	33.98			4000～7000	11～24	1.40
	交大附小	228	9.13	48.57	27.85			4000～7000	14.25	1.45
	建大附小	154	15.4	41.8	42	153	223	5000～12000	20～25	1.51
	大学南路 小学	202	7.21	53.36	31.32			5000～9000	10～27	1.42
	大庆路 小学	229	8.48	57.98	15.8			4000～8000	16～28	1.32
	郝家巷 小学	214	7.38	43.36	26.53			4000～8000	11～26	1.7
二环与三环之间	翠华路 小学	190	15.86	35.64	45.35	70	155	5000～9000	23～27	1.7
	曲江一小	281	29.3	62.12	19.54	119	552	8000～25000	21～34	1.19
	吉祥路小学	300	7.31	54.21	11.5			5000～8000	24	1.13
	黄河小学	193	6.22	51.28	17.6			5000～12000	17～26	1.48
	远东一小	206	5.31	54	23.39			5000～8000	20～25	1.39
	远东二小	238	11.85	44.53	31.09			3000～6000	18～25	1.72
	南湖小学	236	23.6	78.3	19.32	122	518	7000～24000	17～64	0.84

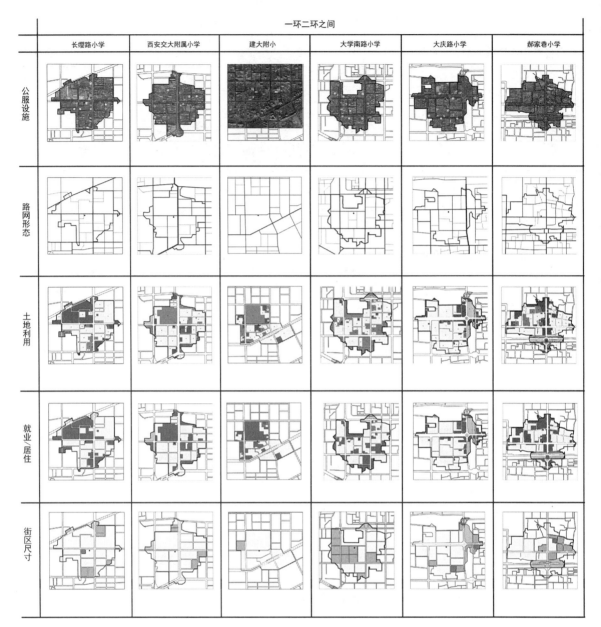

图 5-6 二环以内样本小学服务圈建成环境示意图

1. 可达范围

城市小学步行服务圈的范围有很大差异性，总体来说在150~300hm²。城市小学步行服务圈用地规模与街区尺度以及临近城市道路的距离有密切关系。越靠近城市干道，城市交通通达性越好，小学可达范围越大；越是在住区内部，其服务范围越紧凑，小学可达范围越小。街区尺度以及住区尺度越大，人为修正后的小学服务范围越大。

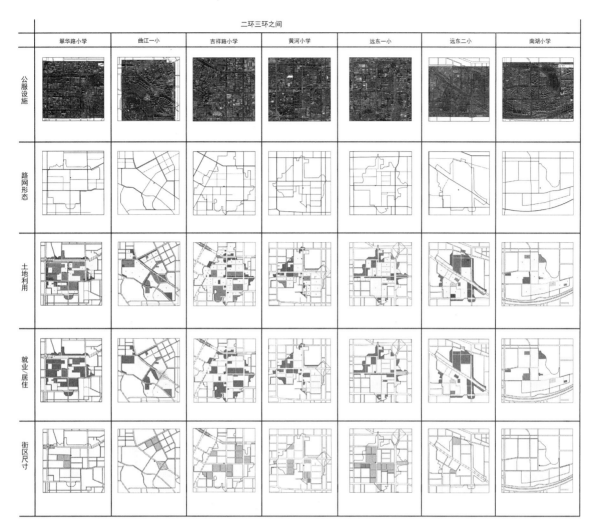

图5-7 三环以内样本小学服务圈建成环境示意图

2. 街区规模

街区规模越大，人们步行的意愿越低。中、小尺度街区，以及高密度步行路网更加利于小学服务的步行可达性。这里分析的街区尺度一是城市小学所在街区的尺度；二是15min步行圈内平均街区尺度。

13个样本城市小学服务圈平均街区中在6hm²以上（图5-8）。城市小学服务圈的平均街区尺度不同，与所在城市区位有一定的相关性。一环老城内，城市小学大多数是在建国前已经建成的传统的街巷空间，还有一些街区是建国后计划经济时代，按照"单位"模式建设的街区空间。总体来说，西安市城墙内具有较好的街区空间尺度，街区尺度较小，步行可达性较好。然而从居民现状出行来看，机动车使用增多干扰步行环境舒适性是降低步行比例，削弱社区活力的主要原因。一环与二环之间，多数是建国后建设的单位用地。按照现代规划方法建成的城市

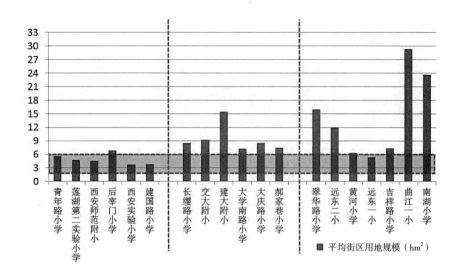

图5-8 平均街区规模示意图

路网体系，形成大、中等尺度街区，可达性一般。单位大院规模越大，街区尺度越大，尽管家属院内部步行路网完善，可以步行穿越，但是公交路线比较迂回。二环与三环之间，新建商品房小区较多，街区尺度大。尤其是新建住区形成的超大街区，如曲江新区大部分街区在20hm²以上，一个街区内有几个小区的情况比比皆是。加之新建高尚小区严格的门禁管理，严禁小区内部穿行，步行路线迂回、通达性较差。

另外，19个样本小学所在街区大多在大尺度、超大尺度街区上（表5-6），没有位于独立地块上。

19个样本小学所在街区尺度   表5-6

街区尺度	界定	样本个数	备注
超大尺度街区	街区边长中有一个边超多300m的街区	14	青年路小学、西师附小、后宰门小学、长缨路小学、西安交大附小、西建大附小、大庆路小学、翠华路小学、吉祥路小学、黄河小学、远东一小、曲江第一小学、远东二小、南湖小学
大尺度街区	有一个边长在200～300m范围内的街区	4	莲湖路小学、建国路小学、大学南路小学、郝家巷小学
中尺度街区	有一个边长在200～100m范围内的街区	1	西安市实验小学
小尺度街区	两个边长都100m以下的街区	0	3

3. 用地密度

儿童步行通学，只有在距离较近的情况下才有可能发生，若是通学距离较远时，则难以步行方式达到目的地，必须选择非机动车或者公交车。用地混合度

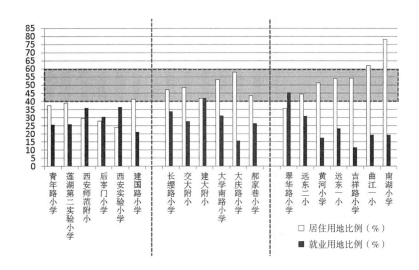

图 5-9　用地密度示意图

高、服务设施完善并且职住平衡的地区更加适宜家庭生活甚至吸引家庭迁居于
此。当一个地区居住人口密度越高、居住用地比例越高，说明人口数量越多，用
地越集约，较短距离步行出行的家庭数量越多，因此居住人口高密度、居住用地
高密度可以促进步行出行。

　　从19个样本城市小学服务圈的数据来看，居住用地比例有较大的差异性，
表现出从城市中心向外围逐步上升的趋势（图5-9）。一环内居住用地比例在
24%～42%之间，普遍较低，由于城墙内建筑高度与风貌限制，居住建筑层数以
低层和多层为主，建筑密度高但是人口密度相对较低；二环以内居住用地比例在
41%～58%，居住建筑多为多层家属院，建筑密度较高，居住人口密度也较高；
三环以内居住用地比例在44%～75%，以高层新建小区为主，用地容积率高，规
划人口密度大，但实际住宅空置率较高。

　　从就业用地比例来看，一环内城市小学服务圈就业用地比例较为稳定在
20%～35%之间，西安城墙内用地混合度高，城市小学与城市商业中心以及城
市公共服务中心距离近；一环与二环之间的城市小学服务圈就业用地比例在
16%～46%，小学周围大多都是单位用地与单位家属院，临近城市副中心，职住
较平衡的服务圈内就业用地比例也高；二环与三环之间的城市小学服务圈就业用
地比例在11%～32%，尤其是新建小学周围就业用地比例大多数在20%以下，反
映出新建小学周围提供就业用地的比例较少。

4. 用地混合度

　　当用地混合度越高、用地类型越多样，有利于缩短与其他土地使用之间的距
离，越能够借由步行的方式，满足不同的出行需求，降低私家车使用比例；有利
于提供更多的城市公共服务与就业岗位，利于家长接送。用地混合度对交通行步
行的影响最大。

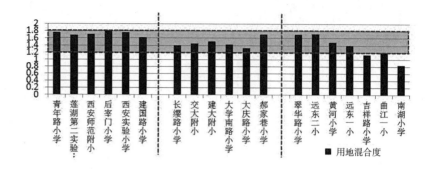

图 5-10 用地混合度示意图

土地混合使用且紧凑的社区具有多种步行可达的目的地，能够为居民提供多样化的使用设施和获得服务的机会，可以增加居民就近入学的机会，而且居住于步行社区中的人也会有更好的"社会资本"和更高的社会参与度，其更有可能认识他们的邻居、积极参政、信任他人等。

从用地混合度可以反映出这些城市小学周围建成环境有很大的差异性（图5-10）。大致可以分为三类：第一类在西安城墙内（一环内）都是民国时期建设的小学，位于历史文化街区内（或旁），靠近城市级商业中心和城市公共设施，周边用地混合度高，就业岗位多，设施便利，用地混合度数值较稳定，在1.6~1.9。第二类在城市二环内（或者附近），周围以单位用地为主，临近城市副中心，社区级公共服务设施齐全、便利，老旧单位小区以多层为主，近十年新建住宅都是高层，用地混合度数值在1.3~1.7。第三类在城市三环以内，周围用地是新型高层住区，相关社区教育、菜场、超市配套不太便利，用地混合度数值在0.8~1.5。

5. 住房多样化

从售房价格与租房价格可以大致可以看出城市小学服务圈内居住品质与居住容量的情况，以此判断城市小学服务圈居住空间是否满足家庭的居住需求。比如：具有优质教育资源的后宰门小学和莲湖区第二实验小学，其服务圈内售房价格4000~9000元/m²，低于同时期西安市商品房平均房价9000元/m²（2016年7月数据），租房价格在18~40元/月·m²，售房价格低而租房价格高，反映出优质的教育资源周围用地的居住空间的需求较高，但是居住空间较少，居住品质偏低，家庭选择在此居住的意愿较低。

曲江一小与南湖小学售房价格最高在8000~25000元/m²，租房价格17~65元/（月·m²），售房、租房价格处于较高水平，可以看出该服务圈内的居住品质好，居住空间也较充足。建大附小为代表的其他小学服务圈内售房价格4000~11000元/m²，租房价格在11~28元/（月·m²），可以看出居住类型较为多样。整体来说，多数样本小学服务圈内房价低于西安市商品房平均房价9000元/m²（2016年7月数据），居住品质较低，但是居住需求较高。

5.3.3 道路交通

19个样本小学建成环境之道路交通因子 表5-7

因子 学校名称	道路交通								
	交通密度			出行多样性（学校500m范围内）			换乘与距离		
	路网密度（km/km²）	路口密度（个/km²）	公交路网密度（km/km²）	地铁数量（个）/到学校距离（m）	是否有校车/校车线路数量	公交线路数量（个）	公交站数量（个）	小学到最近公交站距离（m）/最近公交站的公交线路	小学到城市道路的距离（m）
一环以内 青年路小学	16.92	29.9	3.66	1/374	否	34	4	273/1；319/11	8
莲湖区第二实验小学	32	33.6	2.88	0	否	29	4	186/19	8
西安师范附小	10.2	12.5	3.66	1/550	否	46	5	133（320）/5	10
后宰门小学	9.4	15.9	4.96	1/711	是/4	14	7	223/12	50
西安实验小学	10.6	29.5	3.83	1/	否	54	4	338/8	8.5
建国路小学	27.36	41.3	3.30	0	否	42	6	41/2；372/17	4
一环与二环之间 长缨路小学	6.43	14.5	1.92	1/291	否	28	3	291/10	5
交大附小	7.21	11.0	2.42	1/	否	18	3	230/18	158
建大附小	5.6	5.5	2.74	0	否	12？	3	354/4	300
大学南路小学	8.58	15.4	2.78	0	否	21	3	345/10	10
大庆路小学	6.86	11.4	1.78	1/460	否	18	2	140/14	5
郝家巷小学	11.69	19.6	3.30	1/374	否	33	4	181/32	6
二环与三环之间 翠华路小学	3.69	4.14	3.14	0	否	19	3	360/7	10
曲江一小	1.7	2.5	2.14	0	是/7	3	1	150（500）/3	20
吉祥路小学	10.2	14.0	2.78	1/121	否	24	4	142/21	6
黄河小学	8.75	16.6	4.25	0	否	31	4	133/1；265/29	4
远东一小	7.5	10.2	2.83	0	否	17	3	138/17	20
远东二小	7.4	17.3	2.29	0	否	12	2	211/9	200
南湖小学	5.8	9.58	2.03	0	否	6	5	110/1；377/5	10

1. 道路密度

路网密度高，代表道路系统发达，机动车可达性较好。路网密度大，同时用地密度也高，则表明较高的人口密度，对私家车出行有一定限制，而对步行和公交出行有正向影响。但是路口密度多也会对小学生穿行马路造成安全隐患。

由于学校建成时间不同，学校周围建成环境以及路网密度有较大差异性，从老城中心向外，路网密度、路口密度不断减少。表现出大街区宽路网的用地结构

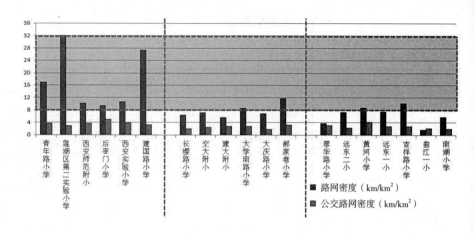

图 5-11 路网密度示意图

组织，为居民出行交通拥堵带来一定的不便。西安市老城内，路网密度、路口密度较高，支路网较发达，步行和机动车可达性都好。老城区小学服务圈平均路网密度高于8km/km²（图5-11）。

西安市城墙以外，二环以内道路密度、路口密度有所降低。主要是受到建国以后单位空间组织模式的影响，单位大院的大街区造成了城市空间的割裂，城市空间作为一个整体的流动性被削弱。并且，单位大院对城市交通的阻碍作用。许多单位大院规模巨大，其封闭性导致城市交通必须绕行。同时，也限制了交通微循环的形成。

在城市新区，道路密度、路口密度较低。住房商品化对城市运行和发展有深刻影响。随着住房制度改革的深入，开发商建设、居民自主选择成为住房产品供给的主流形式。而城市化新居民的住房需求和原居民住房改善需求大量产生。这就和城市更新改造一起，推动了居住郊区化的大规模展开。新建小区在居住区规划的指导下，大规模、内向型居住区空间使得城市空间作为一个整体的流动性被再次削弱。

公交路网密度整体较低，远低于城市路网密度。相比较而言，老城区公交路网密度高于其他地区，19个样本小学的公交路网密度大部分在2～3km/km²，最高的是老城区后宰门小学服务圈。在城市次干道、支路上设置的公交线路较少，影响公交可达性，城市新区的公交线路覆盖最低。

2. 出行多样性

如果有其他出行方式（如公交、地铁以及校车等）能够让小学生便捷的从家到达学校，将有可能降低家长使用私家车的比例。

随着西安市地铁建设的发展，家庭地铁通学出行的比例也在增加。19个样本小学中仅有7个小学在800m缓冲区内有地铁站，但是普遍距离较远，除了吉祥路小学距离地铁站120m左右，其余都在300～800m之间。

公交线路500m缓冲区内，越靠近中心区的小学其周边公交线路越多，城市新区的公交线路较少，如曲江一小和南湖小学。

西安市城市小学校车的普及度非常低，分为单位校车和市场提供校车服务两种形式。样本小学中有校车的仅有后宰门小学和曲江小学2个，这两所小学的校车出行比例高，有效降低了私家车出行比例。

总体来说，出行多样化并不理想。

3. 换乘与距离

公交线路数量、公交站密度以及公交站到小学门口距离对通学家庭公交出行是正相关影响。公交线路多、公交站密度大且学校门口临近公交站，对家庭公交出行的影响正相关。公交站点位置在城市小学入口适宜的步行可达范围内，才能够充分使用，因为公交站与城市小学或者住家的距离越近，小学生出行选择的可能性也越大，对于小学生独自上学或者公交出行具有正向影响。

200m缓冲区内公交车站与学生步行上学的可能性呈显著相关。19个样本小学中，有8个小学入口到最近公交站距离在200m范围内，并且该公交站的公交数量占比很少，整体来说换乘距离对于小学生来说较远。西安市区内一环、二环内的小学周围公交服务较好，公交线路与公交站点较多；新区的小学周围公交线路较少，公交站点稀疏，公交服务较差。学校周边的公交车站和停车场等交通设施有助于分散学校附近的交通，缓解学校周边上学时的压力。

在小学500m缓冲区内，19个样本小学中近一半公交站在3个以下，反映出西安市城市小学入口附近公交站配置较低。城市小学临城市主干道的，距离公交站较近且数量多。

19个样本城市小学临道路情况　　　　　　　　　　　　　　　　　表 5-8

临道路类型	数量	学校名称	距离最近公交站距离/公交线路	
			200m以内	200m以外
临快速路	1	曲江第一小学		50（500）/3
临主干道	6	莲湖路小学	186/19	
		建国路小学	41/2	
		长缨路小学		291/10
		大庆路小学	140/14	
		吉祥路小学	142/21	
		远东一小	138/17	
临次干道	6	青年路小学		231/1
		后宰门小学		223/12
		西安市实验小学		338/8
		郝家巷小学	181/32	
		翠华路小学		360/7
		南湖小学	110/1	

临道路类型	数量	学校名称	距离最近公交站距离/公交线路	
			200m以内	200m以外
临支路	2	大学南路小学		345/10
		黄河小学	133/1	
临步行道	2	远东二小		211/9
		西师附小		133（320）/5
街区内部	2	建大附小		350/3
		西安交大附小		230/18

5.3.4 环境设计

19 个样本小学建成环境之环境设计因子　　　　　　　　　　　　　　　　表 5-9

学校 ＼ 因子	便捷公服（小学入口500m范围内）					步行友好（小学入口500m范围内）				
	平均街区规模（hm²）	菜场数量（个）	超市数量（个）	便利店数量（个）	文具店数量（个）	餐饮店数量（个）	步行道宽度（m）	行道绿化（好中差）	自行车停放点数量（个）	人车交叉路口数量（个）	步行路线迂回（是，否）
一环以内 青年路小学	5.59	6	13	9	9	32	8	好	1	4	否
莲湖区第二实验小学	4.67	2	4	3	2	7	8	中	1	5	否
西安师范附小	4.53	1	13	6	0	30	5	好	1	4	否
后宰门小学	6.77	3	1	5	9	5	3	中	1	4	否
西安实验小学	3.64	0	7	9	0	18	8.5	好	1	3	否
建国路小学	3.81	7	4	18	3	16	4	好	0	3	否
一环与二环之间 长缨路小学	8.43	1	4	7	0	10	5	好	0	4	是
交大附小	9.13	3	3	10	2	11	5	中	1	5	否
建大附小	15.4	1	1	5	5	13	5	中	2	3	否
大学南路小学	7.21	14	16	24	6	25	6.5	好	0	4	否
大庆路小学	8.48	0	5	10	0	10	5	好	0	4	否
郝家巷小学	7.38	3	5	8	1	16	6	好	0	4	否
二环与三环之间 翠华路小学	15.86	3	7	10	0	20	3	差	2	4	否
曲江一小	29.3	2	3	9	1	6	7	好	3	2	是
吉祥路小学	7.31	1	6	17	0	12	6	中	0	4	是
黄河小学	6.22	4	5	19	1	16	4	好	0	5	否
远东一小	5.31	1	3	2	1	1	6	中	0	4	否
远东二小	11.85	0	3	12	0	30	3.6	中	0	1	否
南湖小学	23.6	0	0	9	0	22	5	好	3	5	否

注：教育机构、菜场、超市指的是规模在100m²以上的规模。

1. 步行环境

人车分离的道路系统，减少机动车带来的不安全因素，可以鼓励孩子独立上学，比如西师附小和建大附小。通学步行网络可以依托于城市道路的人行道、城市步行街、居住小区路、城市绿地等进行组织。西师附小位于书院门步行商业街上，直接联系周围的居住空间，与机动车分行的步行系统，也增加了孩子独自上学的比例。建大附小在家属院内，住在家属院内的孩子独自上下学比例较高。

宽敞的（未被停车占用的）人行道空间以及有绿道的步行空间促进吸引家庭步行出行，比如曲江一小和南湖小学。这两个小学所在的曲江新区，平均街区尺度都在20hm^{2}以上，平均通学步行距离较远，由于宽阔的步行道以及景观优美的城市绿带，家庭从健康角度选择使得通学步行的比例要高于其他小学。

而当城市小学通学道路的步行和车行空间之间缺乏隔离带，或者步行空间狭窄，以及人行道空间被停车占用，噪声大、环境乱等，会增加安全隐患，降低独自步行通学出行意愿，如翠华路小学、建国路小学等。

2. 基础设施

人行道的宽度，以及人行道占道路长度的比例，对于儿童独自上学具有正向影响。城市新区的人行道较宽，步行环境较好。很多家庭为了增加儿童锻炼机会，选择远距离步行。

城市道路的交叉口越多，会降低步行的连续性，通过步行过街设施以及交通管制可以提高步行安全性。曲江一小处于城市快速道路和城市主干道的十字，机动车流量大，小学入口附近有过街地下通道，通过人为管理，减少了人车冲突。

停车设施会促进私家车出行。建大附小家属院和建大校园内为单位内部教职工提供停车空间，方便单位教职工顺路接送孩子。曲江一小门前空间提供了较多的停车空间，也提高了私家车出行比例。学校门口公共自行车停车设施，会促进小学生骑车上学，曲江一小有少量学生骑自行车上学。

3. 公共空间

街道设计可以提高安全感与亲切感，能够增加步行与非机动出行的机会。安全感和交往空间产生了与孩子的同化功能，一个安全、能够交流的街道空间是孩子们的天然乐园，相比设施完善的公园和游戏场地，沿人行道的公共空间更加受到孩子们的喜爱。沿街商店可以增加街道活力，开放的街道界面有利于起到"城市之眼"的作用，也能顺道采购日用品。

街头绿地、城市绿带为有步行意愿的家庭提供良好的绿色出行环境。城市新区的街道绿化环境较好，长距离步行者较多。沿街开放空间为孩子们提供游戏、健身场所。曲江大道有几处小的开放空间，利于孩子活动，总体来说在西安城市小学通学道路的街头绿地还较少。

接送家长往往具有多目的出行需求。在步行可达范围内，如果城市小学周围生活服务设施空间越集中、用地越混合，交通出行方式越便捷，发生多目的出行的可能性越大。

然而在城市新区城市小学与其他生活服务设施的步行可达性较差。

5.3.5 学校建设

19 个样本小学建成环境之学校建设因子　　　　　　　　　　　　　　　　　　表 5-10

因子 学校名称		建校时间（年）	学校提供午餐/午休班（是，否）	学校提供延点班（是，否）	学校提供课外兴趣班（是，否）	用地面积（m²）	总建筑面积（m²）	生均用地面积（m²）	生均建筑面积（m²）	教学空间环境质量（好中差）
		时间				空间				
一环以内	青年路小学	1909	否	否	否	9730	—	7.62	—	中
	莲湖区第二实验小学	1914	否	否	是	6657.7	6460	4.86	4.72	中
	西安师范附小	1908	是	否	是	10150	8630	15	13	好
	后宰门小学	1935	是	否	是	10495	6497	4	2.5	中
	西安实验小学	1950	是/否	否	是	8267	9464	3.7	4.23	中
	建国路小学	1941	否	否	否	4900	—	—	—	中
一环与二环之间	长缨路小学	1971	是	否	否	8681	6504	8.53	6.39	中
	交大附小	1897	否	否	否	9360	—	4.68	—	好
	建大附小	1956	是	是	是	4860	2657	3.6	2	中
	大学南路小学	1920	否	否	否	13000	—	—	—	好
	大庆路小学	1941	否	否	否	12614	6598	6.87	3.6	中
	郝家巷小学	1956	否	否	否	11000	—	—	—	好
二环与三环之间	翠华路小学	1960	是	否	是	12074	9513	4.5	3.6	中
	曲江一小	2011	否	否	是	17020	11703	9.1	6.3	好
	吉祥路小学	1967	否	否	否	9200	—	—	—	中
	黄河小学	1958	否	否	否	17220	—	6.38	—	好
	远东一小	1957	否	否	否	12000	10999	5.45	4.99	中
	远东二小	1966	否	否	否	24400	14250	7.39	4.32	中
	南湖小学	2014	否	否	是	10779	17000	6.6	10.5	好

1. 上下学时间

上下学时间对家长接送的时空制约很大。19个城市小学接送时间基本一致，即8：00—16：00。城市小学放学时间基本早于正常下班时间17：30—18：00，并且调研的样本小学中大多数不提供延点班或者课外兴趣班。这种情况对于双职工家长来说制约很大，如果没有老人帮忙，就需要请假接孩子。调研中，只有个别城市小学例如西安建大附小，由于其是单位小学，为解决教职工的后顾之忧，提供后延点自习课，这种"弹性放学时间"很大程度的缓解了家长接孩子放学难的问题。

2. 建成时间

学校的建成时间，可以反映出小学建设背景以及所处的城市发展时期，建成时间越早的小学距离城市中心区距离越近。

学校的建成时间，也反映了小学及其周围的城市环境特征。不同建成时间的城市小学，都是基于当时的城市建设理念下形成的空间形态，其周边用地的环境也有很大的区别，在西安三个环内城市建成环境大不同。如表5-2所示，一环内的小学基本上是建国前建成的；二环以内的基本建国后1950～1970年间建成的，个别学校是建国前建成的如交大附小；三环以内一部分是建国后1950～1970年间建成的，还有一部分是2010年以后新建的小学，如曲江一小和南湖小学。

3. 生均指标

城市小学占地规模整体偏低。19个样本小学的中8个小学用地规模小于$1hm^2$，主要在二环内；10个小学用地规模在1～$2hm^2$，主要分布在三环以内；一个超大学校（60班）的用地规模大于$2hm^2$。

生均建设指标均低于西安市平均水平。2014年西安市生均用地面积$19.88m^2$/生，生均建筑面积$7.12m^2$/生。然而，19个样本小学的生均用地面积在3.6～$9.1m^2$/人、建筑面积2.5～$10.5m^2$/人，都低于全市平均水平。这些样本学区长学校都是教育质量较高的小学，反映出非常突出的人地矛盾。

一些新建小学由于区位条件好，建筑品质高，硬件设施好，教学理念新，对家长择校有一定吸引力，比如南湖小学。也反映出良好的学校校园环境可以影响家庭择校行为。

5.3.6 城市小学服务圈建成环境特征及问题

1. 城市小学规模与其实际服务范围并不匹配

城市小学服务范围内应该有与之相匹配的居住人口规模以及适龄儿童。但是从调研结果来看，城市小学规模与建设之初发生了较大变化，形成城市小学服务范围有两个，一个是行政划定的学区范围，还有一个是根据学校学生规模调整以后的实际服务范围，但是这两个范围彼此不匹配。

2. 建成环境不能适应通学出行需求

随着城市发展与家庭通学出行变化，西安市城市小学及其周边用地并未对家庭通学出行需求做出应对与调整。主要体现在以下几方面：用地结构差异大，居住用地比例差异大；大街区、宽路网普遍；公交服务效率低，选择公交通学出行的很少；缺乏儿童步行友好环境设计，城市新区比老城区步行环境好；学校设计单一标准化，不能满足家庭生活托管的需求等。

5.4 城市小学服务圈建成环境对通学出行影响分析

通过城市小学建成环境现状进行分析，发现土地使用和道路交通两个因子在较为宏观层面影响通学出行；环境设计因子和学校建设因子从微观上改变通学出行空间，影响家庭出行决策。

通学出行是城市小学建成环境多因子相互作用的结果，很少是单因子发挥影响作用。基于家庭出行方式，不同建成环境影响因子的正负影响作用、程度也不同。比如通学出行步行比例高，可能是公交换乘不便捷、老人接送以及街区尺度大空间制约下的结果；也可能是通学路径环境绿色安全，家庭主观选择的结果。基于不同的家庭出行方式，相同建成环境影响因子的正负影响作用、程度也不同。比如大街区对于步行连续性是正向影响作用。但是对于公交可达性则是负向作用。另外，城市小学通学行为是建成环境的时间要素影响更重要，比如"弹性放学"时间管理制度，小学作息时间制度等等，也发挥重要作用。

城市小学服务圈建成环境差异大，按照西安市三个环路内不同城市建成环境区分城市小学服务圈类型，对比说明影响通学出行的不同建成环境的因子。

5.4.1 一环内城市小学建成环境对通学出行的影响

一环内是西安市明清历史文化保护区，多数城市小学是建国前学堂改办。学校布点较密集，占地规模较小，服务半径较小，学区范围也较小。随着城市发展，城市小学学生规模、小学实际服务规模与小学周边用地较之建校之初发生了较大变化。

老城区城市小学通学出行的特点是远距离通学出行占比较高，公交出行比例相对较高，儿童独自上学比例较高。以后宰门小学（1935年）和西安师范附小（1908年）为例，总结影响通学出行的建成环境因子主要有以下：

1. 学校建设：规模小办学特色突出

老城区有很多学校是占地规模小，基本在1hm²以内，适宜的办学规模在12班左右。具备优良师资条件，办学特色突出。

后宰门小学1935年建校，由于名校效应，具有非常强的外吸能力。学校占地1hm²左右，学生人数规模已扩大到2600多，远远大于用地承载。西师附小1908年建校，学校文化特色鲜明。学校占地1hm²左右，学生人数规模660多人，虽然西师附小新建分校之后，学生规模缩减一半，但仍然是附近居民择校的热点。

2. 土地使用：高混合高就业低居住

一环内是明清历史文化区，受到建筑高度的限制，居住以底层或者多层老旧住宅小区为主，居住用地规模较小，居住开发强度普遍较低。其次，住宅产权多数为单位家属院的老旧住宅或者私有住宅，居住品质较低。另外，明清历史文化区限制居住开发。因此，居住人口密度低，居住品质低，就近入学的家庭数量也较少。

用地混合度普遍很高，就业用地密度大于居住用地比例。建国以后，一环内用地结构随着城市更新发生较大变化，增加大量的商业服务业设施用地（B）和公共管理与公共服务用地（A）。可以提供较多的就业岗位。

图 5-12　后宰门小学服务圈建成环境现状图

例如后宰门小学居住用地密度28%，就业用地密度31%。小学周边大医院、大单位和商业用地较多。该小学与事业单位是协议单位，单位子女凭借单位制度福利可以就学。因此，家长上下班顺路接送孩子的比例较高，选择私家车出行的家庭也较多。所以上下学时段，学校附近道路拥堵情况严重（图5-12）。西师

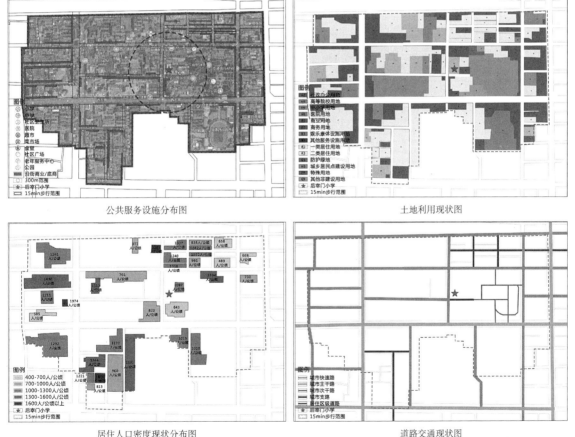

公共服务设施分布图　　　　土地利用现状图

居住人口密度现状分布图　　　　道路交通现状图

附小位于三学街历史文化街区内，靠近南大街商业金融一条街，商业、餐饮、金融、商务类设施用地密度达到36%左右。居住用地密度不足30%；以传统街巷空间形态为主，开发强度较低，建筑平均高度3层左右；老旧、私有住宅较多，居住品质较低（图5-13）。传统街区的生活服务设施较齐全。学校生源一部分是就近居住的学生，一部分是就近家长上班地的学生。学校环境好，生均指标较高。

可以看出，老城区高就业密度、高用地混合度为城市小学的"教—职"就近提供可能。

3. 道路交通：中小街区路网较密

一环内路网密度、路口密度较高，街区尺度以中等规模为主。公交线路较多、公交站点密集，公交路网密度较高，公交可达性较好。

后宰门小学公交站到学校入口虽然距离较远，但是公交线路多，且小学毗邻地铁站点，远距离家庭选择公交的较多（图5-14）。西师附小毗邻西安市南门重要城市节点，公交、地铁的可达性较好，便于远距离家庭出行（图5-15）。

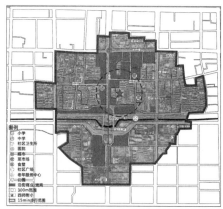

（a）公共服务设施分布图

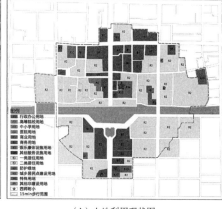

（b）土地利用现状图

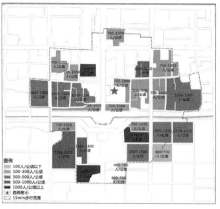

图5-13　西师附小服务圈建成环境现状图

（c）居住人口密度现状分布图

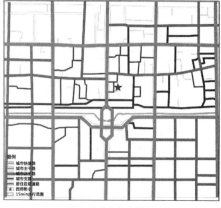

（d）道路交通现状图

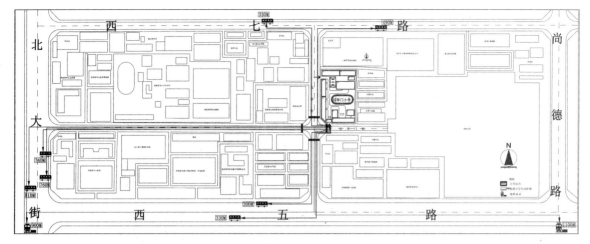

图 5-14　后宰门小学入口公交站示意图

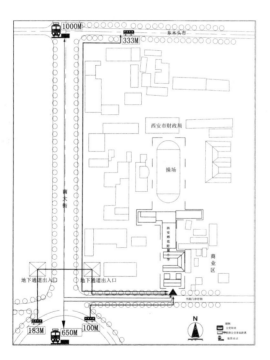

图 5-15　西师附小入口公
交站示意图

4. 步行环境：步行网络发达

老城区很多地方仍保留街巷空间肌理，比如西师附小小学坐落在书院门文化步行街上，毗邻关中书院，传统文化氛围非常好。传统历史街区街巷空间连续，规模较小，另外也有过街地下通道保证步行连续性，步行系统整体通达性好。文化街沿街都是老街坊们书画、古玩类的小门面，起到"城市眼"的作用。所以，西师附小儿童独自步行的比例最高（图5-17）。后宰门小学周边多是开放式街坊居住用地和单位用地，各个用地内的步行可以通达，步行可达性较好。也有一些道路随着城市道路的拓宽而人行道变窄，人行道被机动车、非机动车停车占用的现象较为普遍，对通学儿童的安全都有一定的影响。（图5-16）。

5.4.2 二环内城市小学建成环境对通学出行的影响

二环内城市小学多数是建国后规划新建，其中包含随单位建设的子弟小学和

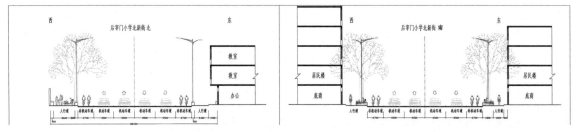

后宰门小学西侧北新街北段断面图　　　　　　　后宰门小学西侧北新街南段断面图

图 5-16　后宰门小学周边步行环境

北新街人行道空间　　　　　　　　　后宰门小学门前空间

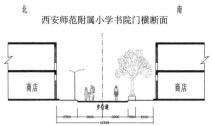

图 5-17　西师附小门前步行环境

西安附属小学门前步行街道路断面图　　　　　小学门前空间

高校附属小学，如西北工业大学附属小学、西安建筑科技大学附属小学、西光实验小学、陕西省西安小学等。小学周边用地以单位用地为主，用地结构合理，职住较平衡。居住的服务设施丰富且完善，生活便利度高。

以建大附小和翠华路小学为例。通学特征为：长距离通学比例较多，上班家长接送比例较高，私家车出行比较高。影响通学出行的建成环境因子主要有以下：

1. 学校建设：中小规模

城市小学基本按照千人指标和小学服务半径合理配置，布点较均匀。随着城市快速的扩张，公共基础教育设施的历史路径依赖性与居住、高校以及工厂向城外迁移形成鲜明对比，城市中心的教育优势仍然吸引较远距离家庭择校。

建大附小是1960年随西安建筑科技大学一起建成的单位小学，服务于大学家属院内。目前，学校教职工虽然没有单位住房福利，依然享受单位教育福利，选择在此就学的较多；另外，建大附小是碑林区教育质量最好的小学，吸引大量学区外学生就学，学校规模不断扩大。建大附小建校之初占地规模4800m²，与初中共用运动场，规模是12班，目前已经班级规模达到24班、1400人，生均用地指标很低。

翠华路小学建于1956年，教学质量优于周边高校附属小学和单位小学，是该片区家庭择校的热点学校。占地规模1.2hm²，学生规模已经增加到38班、2300人，生均用地指标低。

2. 土地使用：职住平衡混合度高

二环内多是建国后建设的事业单位及其单位家属院，职住均衡，用地混合度较高。居住用地比例为40%~60%之间，居住开发强度较高，住宅以多层、老旧家属院内居住楼为主，少量新建高层居住，居住人口密度高。住房户型多元化，不同住宅类型可以满足不同家庭的需求（图5-18，图5-20）。

居住社区成熟，有各类完善的生活服务设施，如菜场、超市、餐饮、邮政等，居民生活便捷度都非常高。家长可以在通学行为中顺路进行日常采购、休闲等行为。也正因便利的生活设施，吸引许多家庭在此租住或者借住以就近小学。

尽管城市居住功能不断向外疏解，受到主城区优质教育资源的影响，家庭"教职"就近的通学空间联系模式比例仍然较高。

3. 道路交通：大街区宽路网

二环内受到单位大院布局形态的一股影响，街区尺度大，路网密度低。而人口密度高，通勤时段交通拥堵，影响了机动车通行效率，公交可达性较低。建大附小学校入口到公交站距离远、过街不安全、等待时间长等都是公交选择较少的原因（图5-19）。翠华路小学位于城市支路翠华路上，小学入口较近的公交站仅有一条公交线路，其他公交站在城市主干道上，至小学入口距离有300~500m。选择公交出行的家庭较少，转而选择步行较多（图5-21）。

4. 步行环境：步行空间连续

单位家属区和老旧小区对行人是开放的，使得小区道路与城市人行道之间的步行联系较为通畅。但是，沿路停车或占用人行道停车，都降低了步行的安全性，影响了小学步行通学出行率（图5-22）。

城市小学多数位于城市的生活型干道上，其道路两侧主要是单位用地，沿街集聚服务、餐饮等小店面，街道生活丰富。人行道宽度4~5m，步行空间连续、通达（图5-23）。老人接送多选择步行，很多家庭步行距离在1~2km。但是，沿街人行道占道情况非常普遍，主要有机动车与非机动车占道、小商小贩占道经营、施工占道等，对通学家庭尤其是小学生带来很多的不便与安全隐患（图5-24）。

公共服务设施分布图　　　　　　　　　　土地利用现状图

居住人口密度现状分布图　　　　　　　　道路交通现状图

图 5-18　建大附小服务圈建成环境现状图

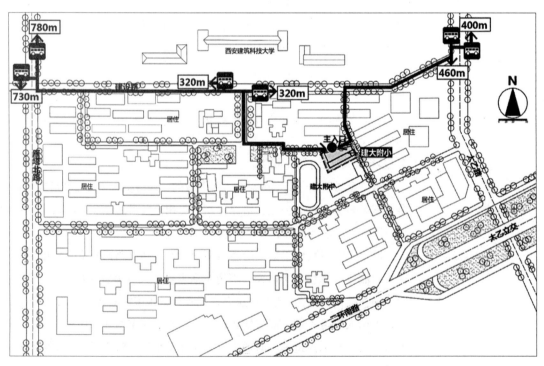

图 5-19　建大附小入口公交示意图

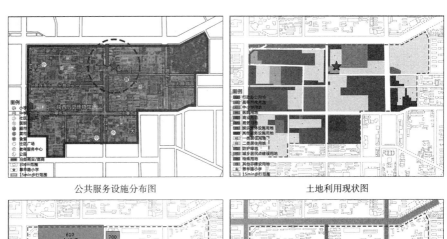

公共服务设施分布图　　　　　　　　　土地利用现状图

图 5-20　翠华路小学服务
圈建成环境现状图

居住人口密度现状分布图　　　　　　　道路交通现状图

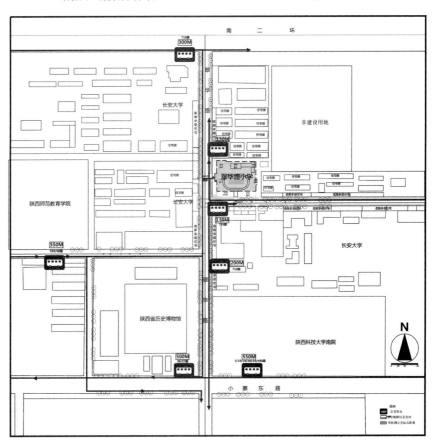

图 5-21　翠华路小学入口
公交示意图

建大附小入口的建设东路断面图   建大附小入口附近人行道空间

图 5-22　建大附小门前步行环境

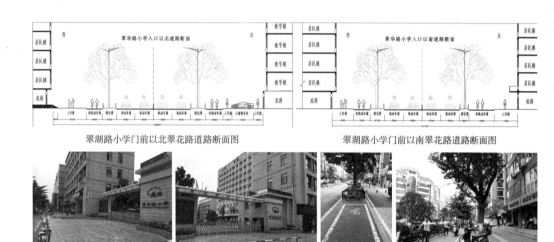

翠湖路小学门前以北翠花路道路断面图   翠湖路小学门前以南翠花路道路断面图

翠华路小学门前空间   道路分隔带   人行道

图 5-23　翠华路小学门前步行环境

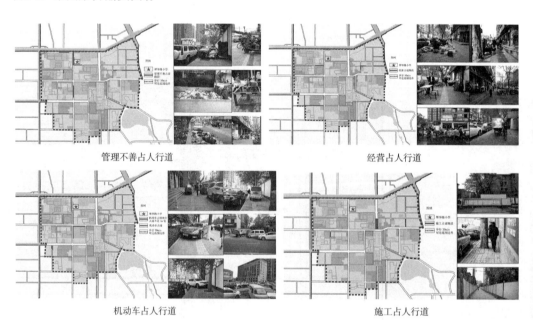

管理不善占人行道   经营占人行道

机动车占人行道   施工占人行道

图 5-24　翠华路小学附近人行道被占道情况

基于家庭通学出行的西安市小学服务圈布局研究

5. 时间管理：弹性放学时间管理提高上班家长接送比例

单位制小学如建大附小，提供后延点班，方便家长下班后顺路接送孩子，是所有样本中上班家长接送比例最高的小学。

5.4.3 三环内城市小学建成环境对通学出行的影响

这种类型的城市小学大多是位于城市新开发地区，建成时间短，学校规模大，服务范围较大。主要为周边新建居住区配套服务。居住以新建高层商品房小区为主，开发强度大。但是商业、教育、生活服务设施配套不足，入住率低；居住空间套内面积大、绿化环境品质较高。

以曲江一小和南湖小学为例。步行且长距离步行出行比例高；非上班家长接送比例较高，私家车出行比较高。影响通学出行的建成环境因子主要有以下：

1. 学校建设：规模大服务范围广

这类城市小学主要位于城市新区，弥补新建居住区域教育设施不足的问题。学校建设规模大，划定的学区范围较广，生源主要来自周边小区。校园环境好，硬件设施齐全，生均建筑指标较高。但是，学校不提供中午托管、放学后延点等服务。所以中午以及放学时，非上班家长接送比例较高。

曲江一小是西安市曲江新区管委会投资兴建的一所全日制公办小学，2011年开始招生，学校占地1.7hm²，建设规模是36班，缓解了周边教育设施短缺的问题。西安市曲江南湖小学是西安市曲江新区管委会2014年投资兴建的一所全日制公办小学。学校占地1.1hm²，建设规模是36班，弥补这片居住区域教育设施不足的问题。

2. 土地使用：高居住密度低混合

学校周边居住用地密度高，曲江一小周边居住用地比例62%，南湖一小居住用地比例78%，周边都是新开发的高层门禁小区，开发强度大。新建小区居住服务设施配置还不完善，社区服务设施步行可达性也不好。就学、就医、买菜等日常生活不太便捷。居住品质高。用地混合度较低，职住不平衡，通学过程多目的出行比例较少。主要是"住—教"就近的空间联系模式。近距离通学出行比例较高。上学时家长私家车顺路送孩子的较多（图5-25，图5-27）。

3. 道路交通：超大街区疏路网

大街区宽路网，公交路网密度低、公交线路少、公交站点间距大。公交可达性较差。

曲江新区整体道路网密度低，日常通勤、通学出行对整体交通带来较大的影响。曲江一小位于城市快速路和城市主干道十字一侧，小学门前空间大，有一定数量的停车位，但是私家车接送对相邻的城市快速路和城市干道交通影响较大。小学入口仅有一个公交站，有公交线路三条。为减少行人穿越马路酿成的交通事故，交通部门特地在马路中间设置隔离栏，导致往返站台相距650m。从学校门

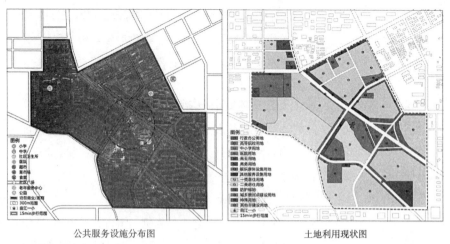

公共服务设施分布图　　　　　　　　　　土地利用现状图

图 5-25　曲江一小服务圈
建成环境现状图

居住人口密度现状分布图　　　　　　　　道路交通现状图

口到达两个站台分别是150m和500m，而且必须通过离学校150m以外的地下通道才能到达马路对面，经常有学生为走捷径跨越栏杆。然而从学生出行安全、方便考虑，在学门口附近修建人行天桥的建议，由于部门权责壁垒也迟迟得不到解决。公交线路少、距离远，因此选择公交出行的较少。曲江一小提供校车，共有7条线路，覆盖曲江大多数小区，选择的家庭较多（图5-26）。

南湖小学入口距离公交站较远。在曲江新区，街区空间尺度大，居住入住率低，公交站密度小、覆盖率低，公交站台之间距离远的问题普遍比较突出。南湖小学离小学入口100m处有一个公交站，仅有1条公交线路；其他公交站距离在450m左右（图5-28）。

4. 步行环境：步行环境安全健康

新区城市道路人行道宽敞、尺度适宜，有连续的绿道，绿化分隔带将人行道安全隔离，适宜健身、散步，为行人提供了良好的步行环境。尽管有的家庭距离学院较远，仍选择步行，也是为了让孩子增加锻炼（图5-29，图5-30）。

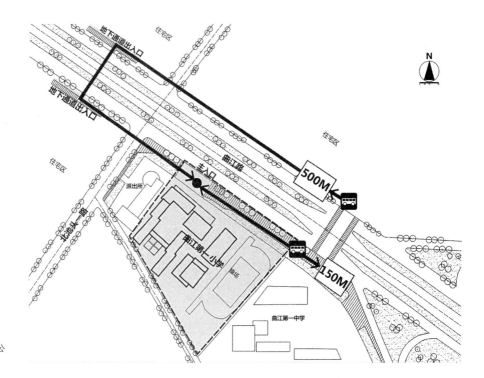

图 5-26　曲江一小入口公
交示意图

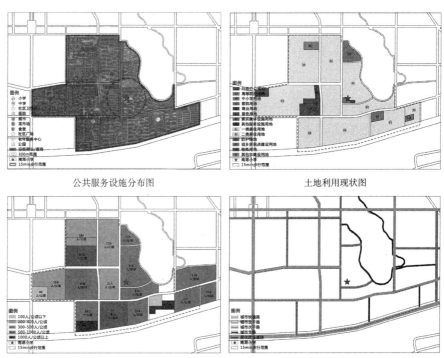

公共服务设施分布图　　　　　　　　土地利用现状图

图 5-27　南湖小学服务圈
建成环境现状图

居住人口密度现状分布图　　　　　　道路交通现状图

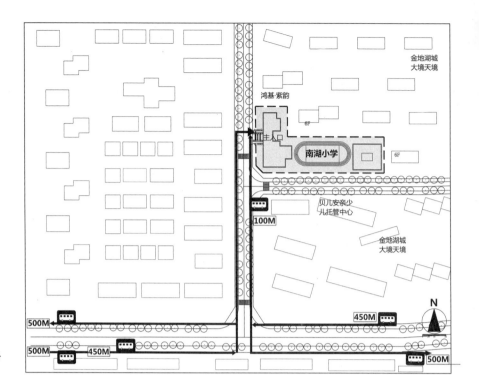

图 5-28 南湖一小入口公交示意图

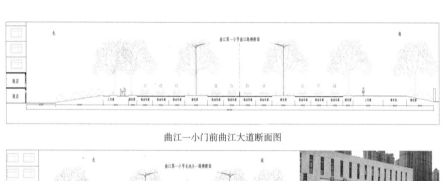

曲江一小门前曲江大道断面图

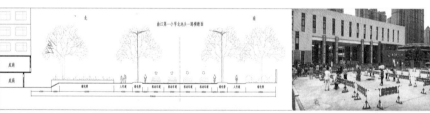

曲江一小一侧的北池头一路道路断面图　　　　小学入口门前广场

图 5-29 曲江一小周边步行环境

门前停车与疏散区域　　　　小学附近人行道　　　　小学对面的商业店铺

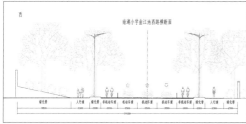
南湖小学门前曲江池道路断面图

南湖小学入口空间

小学附近人行道

图5-30 南湖小学门前步行环境

5. 时间管理：放学时间与上班家长时间不一致

学校托管服务提供不足。曲江一小校园环境好，生均建筑指标较高，但是，学校不提供中午托管、放学后延点等服务。放学时间与上班家长时间不一致，一些教育培训机构、小饭桌以及托管班等儿童关爱设施代替家长接送比例较高、全职家长接送比例较高。

5.4.4 建成环境主要影响因子

通过对一环、二环、三环内城市小学服务圈建成环境的比对，得出建成环境影响的一些共性因子，这些建成环境因子实际数据差异很大。但是，如果处理好这些建成环境因子，可以显著提升城市小学服务圈品质和通学出行的品质与效率，主要因子如下：

影响通学出行的建成环境因子对比　　　　　　　　　　　　　　　　　　表5-11

<table>
<tr><th colspan="2"></th><th>一环内</th><th>二环内</th><th>三环内</th></tr>
<tr><td rowspan="8">建成环境影响因子</td><td>土地利用</td><td>1. 较低的居住密度42%以下；
2. 高用地混合度；
3. 较高就业用地密度</td><td>1. 居住密度适中40%～60%；
2. 高用地混合度；
3. 较高的就业用地密度</td><td>1. 居住密度高60%以上；
2. 低用地混合度；
3. 低就业用地密度</td></tr>
<tr><td>街区与道路交通</td><td>1. 中尺度街区；
2. 较高的路网密度，支路网密度较高；
3. 公交线路多，密度较高</td><td>1. 中、大尺度街区；
2. 较高的路网密度，少量支路、断头路；
3. 公交线路多，密度较高</td><td>1. 大、超大尺度街区；
2. 较低的路网密度，很少支路；
3. 公交线较少，密度较低</td></tr>
<tr><td>环境设计</td><td>1. 步行路网完整；
2. 道路拓宽，人行道变窄</td><td>1. 步行空间较连续；
2. 人行道被占用</td><td>1. 人行道尺度适宜，有绿化带，与机动车安全隔离；
2. 人行道有较宽的绿道，绿色健康的步行空间品质</td></tr>
<tr><td>学校建设</td><td>1. 建校时间多为建国前；
2. 用地规模中、小，学校密度大；
3. 生均建设指标较低</td><td>1. 建校时间多为建国后20世纪50～60年代；
2. 用地规模中、小，学校密度较大；
3. 生均建设指标较低</td><td>1. 少部分建校时间为建国后20世纪50～60年代；大部分为近年新建；
2. 用地规模较大，学校密度较小；
3. 生均建设指标符合标准</td></tr>
<tr><td colspan="2">通学空间联系模式</td><td>住教就近
教职就近
住教分离</td><td>住教就近
教职就近
住教分离</td><td>住教就近</td></tr>
</table>

1. 学校建设：学校占地规模

从现状调研来看，大多数小学占地面积低于 $1hm^2$，最高的也低于 $2hm^2$。整体来看，学校占地规模小，生均建设标准低。首先是运动场地的缺乏，严重影响小学生健康成长。其次，教学空间面积少，为多样化的授课和学生的自主探索、相互交流提供开放性、灵活性的空间的可能较低。另外，学校空间的充足，可以支持小学提供中午和放学后的生活管理服务，会减低上班家长接送的时空制约。

2. 土地使用：用地密度和用地混合度

用地高密度高混合开发适合步行和公交出行。当一个地区居住人口密度越高、居住用地密度越高，说明人口数量越多，用地越集约，较短距离步行出行的家庭数量越多，因此居住人口高密度、居住用地高密度可以促进步行出行。同时，高密度开发地区，公交客流量高，人均车公里数减少；同时高密度会导致机动车出行的拥堵，从而起到抑制机动车出行的效果，因此高密度开发也适合公交出行。用地混合度高、服务设施完善并且职住平衡的地区更加适宜家庭步行出行满足日常生活，甚至吸引家庭迁居于此。沿公交线路职住布局平衡的土地使用模式也利于选择步行出行。

3. 道路交通：支路网密度与公交路网密度

高密度路网和连通的步行路网络可以促进步行和公交出行。城市道路的交叉口越多，步行的连续性降低。人车分行的步行网络有利于儿童独自上学。依托于城市道路的人行道、小区路、步行道、城市绿地等组织的"步行路网络"，决定了城市小学在城市空间的步行可达性差异。高密度路网与高密度路口设计，有利于提高公交可达性。小街区用地模式可以增加公交最后一公里的使用效率。但是路口对于小学生过马路有一定的影响，需要加强安全设计。学校入口距离公交站点的距离也利于公交出行。一般来说，出行时间越长，出行者越倾向于选择公交出行或者小汽车出行。当远距离机动车通行方式越多，儿童或者接送人选择几率也增加。校车的使用可以提高儿童独自上学的比例，减少对家长的约束。公交线路数量、发车频率、公交站点数量等都会影响公交服务。

4. 公交换乘：换乘距离与公交线路数量

公交线路数量、公交站密度以及公交站到小学门口距离对通学家庭公交出行是正相关影响。公交线路多、公交站密度大且学校门口临近公交站，对家庭公交出行的影响正相关。200m范围内公交车站数量与公交线路数量与学生步行、公交上学的可能性呈显著相关。

5. 安全路径：安全健康的步行空间

安全健康的环境设计可以促进步行和公交出行。宽敞的（未被停车占用的）人行道空间利于小学生安全步行。有绿道的步行空间引导家庭健康出行。沿街商店可以增加街道活力，开放的街道界面有利于"城市之眼"的作用，沿街街头绿地等开放空间为孩子们提供游戏、健身场所。利于安全过街的步行设施以及交通设施可以提高步行安全性。噪声、脏乱差环境、占道停车等影响步行。人性化公交站台设计可以增加人们出行的安全性和舒适性，提高公交出行比例。

5.5 基于通学出行的城市小学服务圈布局思考

原有的城市小学布局方法忽略家庭出行需求，比如长距离通学出行比例增加以及家长接送前后的上班采购等多目的出行行为，以致家庭通学出行线路折返、耗时长等问题比较普遍，影响了家庭生活满意度和城市空间组织效率。从家庭通学出行需求角度进行研究，有助于审视城市小学的功能内涵，有利于厘清城市小学与相关城市空间要素的关系。总体上讲，基于通学出行的城市小学布局还应充分考虑以下几个方面的因素。

5.5.1 以城市小学为核心形成社区生活单元

对于长时间在一个学校上学的家庭来说，共同拥有各种各样的活动，不仅在儿童之间，而且在其家长以及周围居民之间就会产生各种联系。逐渐的，学区就会演变成一种以小学为中心的社会化区域。对于以家庭为核心组织日常生活的老人和家庭主妇来说，他们对以城市小学为核心的邻里空间抱有很强的归属感。在居住地与就业地日益分离化的现代城市中，围绕城市小学形成的社区生活单元，可以大大增强人们的社区感。尤其中国社会未来将面临着高龄化和少子化，社会关系日渐脆弱、冷漠，以城市小学为社区核心可以联系社区感情、重振社区活力。

如果城市小学能够面向社区开放，成为社区文化交流、体育活动的场所，促进孩子与不同代际之间的交流，都有利于加强社区联系以及双方的身心健康。在建设密度较高的大城市中，学校内的大片开放场地也能够成为社区举办公共活动的绝佳场所。当然，国家的治安水平、校园管理水平也是社区开放的基础。

5.5.2 基于家庭通学出行组织城市小学周边用地布局

小学就近需求：就近居住或者家长工作地。根据调研发现，"就近小学"有以下几种情况：学区内就近居住地选择小学（西师附小、曲江一小、南湖小学）；虽不在学区，但是工作单位与小学协议，家长就近工作地选择小学（建大附小，后宰门小学）；不在学区内，择校后再就近选择居住（建大附小）。对于一些上班家长来说，就近工作地可以顺路接送以及及时照顾孩子。

多目的出行需求：学校与社区服务中心就近。从出行成本和效率角度，小学家庭通学出行过程中都具有多目的出行的特点。对于通学出行的陪同上班家长，具有在上下班途中顺道接送孩子上下学，以及完成生活用品采购的行为需求；而非上班家长，在完成接送活动之后，具有顺路完成采购以及休闲娱乐的需求。对于小学生来说，也有放学之后休闲锻炼的行为需求。小学就近社区中心，可以满足家庭多目的出行需求，也有助于提高社区的吸引力。

便捷换乘需求：学校入口与公交换乘站就近。多目的的行为与距离、交通便捷度有关。距离越近、停留点的生活服务设施空间越集中，用地越混合，交通出行方式越便捷，发生多目的出行的可能性越大。如果能结合公交建设在车站周围能通过高质量城市规划与设计，就可以满足家长接送行为过程中的日常采购、休闲等行为需求，更好适应了家长多目的出行特点，减少出行时间，有助于提高社区的吸引力。

健康安全需求：学校周围的步行空间设计。学校周围的步行空间设计，可以提高家庭步行的意愿。沿街商店可以增加街道活力，开放的街道界面有利于起到"城市之眼"的作用，也能顺道采购日用品。街头绿地、城市绿带为有步行意愿的家庭提供良好的绿色出行环境。沿街口袋公园、开放空间等为孩子们提供游戏、健身场所。

此外，城市小学功能延伸需要生活关爱场所。城市小学教育设施具有一定的特殊性。从学生的能力制约以及我国的国情来看，小学生的通学出行、午饭以及午休等行为大多有大人照顾。因此，小学校不同于中学、高职等其他教育设施，除了提供义务教育的场所，还应意识到小学生需要一定的生活照顾。如果能为学生提供午餐、午休的空间，可以减少接送频率，减少对家长的时空制约（特别是上班家长）；其次，实施弹性放学时间，比如学校可以采取自习、兴趣班等形式，方便家庭选择离校时间，利于上班家长接送。还有，提供校车接送服务，减少家庭接送负担。

5.6 小 结

本章主要是基于家庭通学出行视角，研究城市小学服务圈建成环境特征。

城市小学及其周边用地布局对通学出行有影响作用。基于就近入学政策背景、步行可达性和"住教职"空间要素的整体性，将城市小学与其周边用地视为整体，提出"城市小学服务圈"，以满足家庭需求和提高城市微观空间组织效率。城市小学服务圈按照步行和机动车出行方式，有三个服务范围，以城市小学步行15min服务圈为主要研究对象。

首先，构建基于通学出行的西安市城市小学服务圈建成环境影响指标体系，包含4个一级因子，即土地使用、道路交通、环境设计和学校建设；12个二级因子：可达范围、用地密度、用地混合度、道路密度、出行多样化、距离、换乘、交通设施、步行友好、便捷公服、时间管理、空间品质等指标；38个三级因子，等等。对应城市、街区/社区、建筑层面不同层面的空间尺度，也对接国内的城市规划、交通规划、社区建设和学校建设等不同层面物质空间要素。

然后，对主城四区19个样本小学的建成环境现状进行分析，发现土地使用和道路交通两个因子在较为宏观层面影响通学出行；环境设计因子和学校建设因子从微观上改变通学出行空间，影响家庭出行决策。另外，影响通学出行是建成环境因子多因子共同影响下的结果；基于不同的建成环境，对于不同的家庭出行方式，影响因子正负作用与程度也不同。通过对不同城市小学服务圈建成环境进行对比分析，总结出影响通学出行的建成环境共性因子。

城市环境对于儿童成长的意义重大。亚历山大在《建筑模式语言》中指出："如果儿童不能去探索他们周围的整个成人世界，那么就不会成长为名副其实的成年人。如果儿童教育仅局限于学校和家庭，对于现代城市缺少广泛的理解，觉得它神秘莫测和难以接近，当然也无法通过动手做而去仿效他们了。"

通学出行是儿童日常的、可以直接接触城市的行为。通学环境是儿童探索、理解城市的主要接触面。规划布局中只有将城市小学与其周边用地和城市交通整体考虑，才能保障城市小学提供就近入学的服务品质，保障儿童上下学的安全与健康，提高家长出行的效率。

6.1 城市小学服务圈布局模式构建

6.1.1 布局结构

1. 服务规模

城市小学服务圈步行15min对应的空间服务范围大致为1~3km²。

城市小学规模应与城市小学服务圈的人口匹配。《城市普通中小学校校舍建设标准》（建标〔2002〕102号）中城市小学规模常见为12班、18班、24班、30班。调研获悉，城市小学偶数轨制（一轨即每个年级的班级数）更加利于教学组织，新建小学4轨（24班）、6轨居多（36班），可以有效配置师资条件。因此依据标准并且结合实际，城市小学规模为12班、18班、24班、36班。在西安一般生育率1.1‰取学生千人比是60，班级人数为45人/班，班额系数1~1.25，可以推算出城市小学服务圈的常住人口为1.0~3.4万人。

12班×45生/班÷60生/千人×（1~1.25）≈0.9~1.2万人

36班×45生/班÷60生/千人×（1~1.25）≈2.7~3.4万人

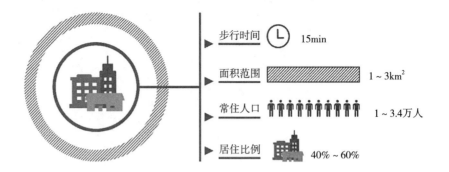

图 6-1 城市小学服务圈
的空间规模

因此，城市小学服务圈服务人口大约为1.0 ~ 3.4万人（图6-1）。

合理的用地结构、用地密度会影响家庭活动，根据前文研究，建议居住用地
比例为40% ~ 60%，就业用地比例15% ~ 25%。

2. 范围动态调整

城市小学规模要与城市小学的服务人口动态匹配，即在实际应用中城市小学
占地面积、学生规模、服务人口以及步行可达范围应动态调整以满足互相匹配
（图6-2）。

3. 空间结构

图 6-2 城市小学服务圈
范围动态调整思路

运用土地交通设计一体化的思路与方法，从土地使用、交通组织、环境设计
和学校建设等物质层面，系统组织城市小学服务圈内部空间布局，达到满足家庭

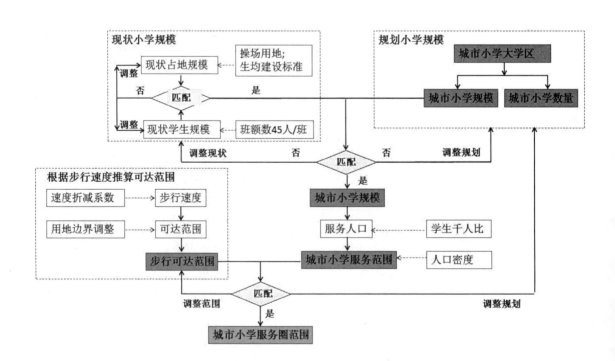

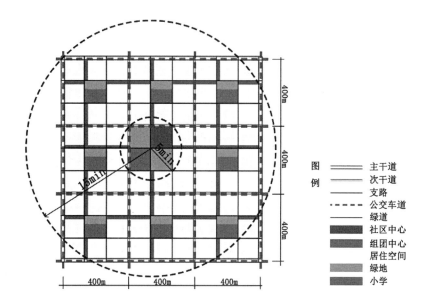

图6-3 城市小学服务圈
布局模式构建

图例：
主干道
次干道
支路
公交车道
绿道
社区中心
组团中心
居住空间
绿地
小学

就近入学需求，为儿童提供安全、健康的出行环境和交往机会，为家长提供便捷换乘以及服务配套、提高家庭通学出行的效率的规划目标。城市小学服务圈空间结构关系是（图6-3）：

一个中心——以小学为中心；

两个圈层——5min设施服务圈，15min步行服务圈；

高密度混合——高密度功能混合布局，以居住为主，提供适量就业用地，小街区，密路网；

绿色出行——步行友好，公交可达；

校园建设——利于儿童成长，方便家长接送。

6.1.2 土地使用：高密度混合开发

我国资源紧缺，人口密度高，建设节约型城市是我国必然的发展战略之一。较高的居住密度与土地使用混合度有利于创造短距离出行机会，以及采用慢行交通方式通学出行。

1. 高密度高混合

高密度（高居住用地密度和建筑密度）可以让更多的住区功能相互靠近，缩短步行距离，减少出行对汽车的依赖，满足城市小学家庭就近的住房需求。

功能混合多样一是指用地功能混合，将居住、教育、商业、办公、文教及休闲等多种类型以及类型之间进行组合，为居民提供多样化的设施，获得更好的就业机会，以及提高社会参与度与社区活力；二是空间混合，不同功能空间可以从水平、垂直方向上进行多维立体组织；三是指人群多样化，通过住宅类型混合多样化，引导不同类型居民的适度混合与和谐共处，提倡不同收入、不同年龄的人群共同居住，对儿童也能营造较好的社区氛围。

高密度也要建立在用地结构合理的基础上。城市小学服务圈作为城市基本空间单元，应视为一个居住、生活以及工作等多功能复合的有机整体，因此，除了居住、服务等功能以外，就业也应进行考虑。不仅可以适度促进居住与就业的平衡，缓解通勤压力，也可以创造丰富而复杂的城市生活，确保城市持续的活力。建议就业用地占比15%～25%，主要包括商业、商务办公、公共服务设施等非居住用地类型。以公共交通站点或公共活动中心为核心，鼓励在200～300m半径范围内集中布局就业空间。这样，可以减少居民不必要的机动车出行；还可以满足小尺度范围内居民的日常生活需求。

2. 住宅类型多元

多项研究表明，教育水平对住房价格的正向影响明显，居民愿意为优质教育资源额外支付费用，并且随着受教育水平和收入的上升，对于教育质量的支付意愿也在增加，学区资本化效应已经发生。教育设施也是吸引高质量人才和产业发展、影响城市竞争力的重要城市公共服务设施。所以，教育设施与住房市场的协调发展对于城市竞争力和可持续发展意义重大。如果教育资源附近的住房供给不足或者住房结构不合理，那么教育质量的资本化效应会被放大，人们获取教育机会的成本就会提高，进而影响家庭生活品质和城市可持续发展。

倡导城市小学服务圈内住房类型的多样性，形成合理的住房套型结构，满足不同生命周期家庭的差异化住房需求。一是在城市小学周围覆盖范围内提高商品住房用地的中小套型住房比例。二是针对不同人群需求，在小学周边提供差异化的公共租赁房，增加租赁房比重；鼓励建设多类型、多标准的公共租赁房，适当布置学生家庭公寓、教师公寓、老人公寓和廉租房等，吸引不同家庭需求。三是鼓励开发商自持租赁，提高租赁住房比重，促进职住平衡。

6.1.3 道路交通：与公交系统结合

住房城乡建设部等六部门和国务院曾在2005年和2012年两次下发文件，提出优先发展公共交通是构建资源节约型、环境友好型社会的战略选择。2012年，交通运输部启动了公交都市建设示范创建工程，前后两批共37个创建试点城市积极践行"公共交通引领城市发展"理念，其中就有西安市。结合TOD开发的空间集中和土地混合发展模式，不是简单的在财政、用地、路权等各类资源方面向公交倾斜，让公交占用更多的资源；其实质是让公共交通引领城市发展，即除了打造发达的公交体系外，还得在城市规划时，有意识的构建有利于公交优先发展的形态，促进公共交通与土地开发紧密融合，形成有利于公交出行的城市空间体系，才能从根本上解决问题。

2016年中共中央、国务院发布了《中共中央国务院关于进一步加强城市规划建设管理工作的若干意见》，其中第十六条提出"新建住宅要推广街区制，树立'窄马路、密路网'的城市道路布局理念，建设快速路、主次干路和支路级配合理的道路网系统。打通各类"断头路"，形成完整路网，提高道路通达性。科学、规范设置道路交通安全设施和交通管理设施，提高道路安全性。"

城市小学服务圈采取用地布局与城市公交系统有机结合的方式，也是从城市微观上完善公交都市建设的举措。

1. 高密度支路网

公交出行依赖于良好的道路系统和步行系统，畅通的道路和便捷的市民步行道是构建公交街区的主要条件。国际经验表明，道路不通畅，公交优先也不能得以体现。我国城市规划未曾足够考虑公交优先的设计。只有疏通和管理好城市内部次干道和支路的微循环系统，才能解决和改善城市整体交通系统的顺畅问题。

街坊尺度和路网密度有显著相关性。它们对于创造开放、共享的生活街区起到决定性作用。小街区密路网，可以让社区内部道路、公共服务设施、公共空间等资源被更多市民共享，形成开放共享的生活型小街区。推行小街区密路网模式是基于对城市结构、用地模式和交通体系的综合考虑：（1）从城市界面来看，开放的界面与多样化的功能直接面向城市，与相邻道路共同形成积极的城市街道空间，可以为城市居民提供丰富的生活场所，创造就业机会，也为儿童提供了安全、丰富的步行空间，有利于儿童的健康成长。（2）从平衡城市交通结构来看，依据合理的道路结构和路网密度划出的住区规模，可以提高步行和公交可达性，实现对步行、慢性与机动车平等路权的均衡发展。

城市小学所在街区应为中小尺度街区，便于与周边社区的交通组织与资源共享。城市小学服务圈内的街区尺度集中在60～200m，住宅街区规模宜为2～4hm^2，支路网密度达到7～9km/km^2，既有利于塑造开放共享的城市空间，又不影响住宅地块塑造安全舒适的内部环境。可以疏解机动车交通，为更多的儿童提供安全使用的步行路径。

依托良好的城市路网结构与路网密度，提高城市小学服务圈内公交路网密度，在支路上增加设置公交站点，以保障公交可达性。支路宽度9～24m（图6-4），应根据实际需求和建设条件合理确定红线宽度。支路宽度应与街道功能活动、路侧建筑高度、通风采光等要求相适应。

2. 公交便捷换乘

学校周围的公交换乘对于通学步行、公交出行的影响非常显著。安全便捷的换乘是让居民选择公交出行、建设公交街区的重要方面。

在城市小学附近可达性较好的城市道路布置适当数量的公交车站和公交线路，公交车站与小学入口的距离宜在200m以内。如果附近有地铁，宜在与小学

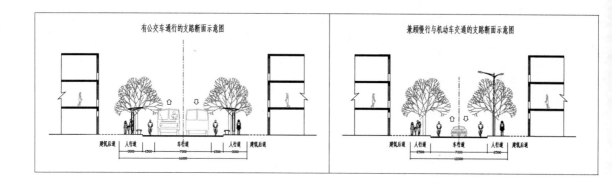

图 6-4 城市小学服务圈
支路断面示意图

500m范围内设置地铁出入口。鼓励在轨交站点周边150m范围内，统筹布局地面公共交通换乘站（建议换乘距离50m以内）、社会停车场库、自行车存放场、出租车候客点等换乘设施。

3. 安全步行网络

便捷连续的高密度步行网络是鼓励居民选择步行出行的基本条件。依托高密度路网系统，构建完整的、与机动车分离的步行网络。步行网络由城市道路的人行道、慢行支路、街坊通道、地块内公共通道、公共绿地内的步行道、过街天桥和地道等各类步行通道组成。建议步行网络密度达到14km/km^{2}以上，路口间距宜为80~120m。一般地区的步行网络密度不低于10km/km^2，路口间距宜为100~180m。提高步行网络的连续性与可达性。

交通事故是威胁儿童安全的主要因素。学校入口附近通过人为交通疏导，或者设置连通高效的过街设施如过街天桥、地下通道以保障儿童过街安全。在城市小学入口200m缓冲区内减慢机动车速以减少交通事故，降低噪音，减少污染创造健康、适宜的步行环境。

6.1.4 社区中心：5min步行公服圈

构建一个以城市小学为核心的步行可达、活力便捷的设施圈。鼓励结合实际，就近、混合设置各类设施，整合社区内可共享的功能空间，成为社区级公共服务设施。使家长在接送小学通学出行时，可完成换乘、用餐、继续教育、购物、健身、娱乐等日常活动。

以城市小学为核心划分5min、10min、15min公服设施圈，满足不同通学出行主体如小学生、父母、祖父母辈家长等对不同设施的布局要求和使用需求。重点完善5min短距离出行需求的设施圈层，体现老人、儿童等群体对家与设施步行高关联度的要求。根据设施与设施之间的步行需求次数叠加发现，菜场和小学的步行关联性最强。建议在5min圈层上尽量布局幼儿园、公园、养老设施以及菜场等设施（图6-5）。

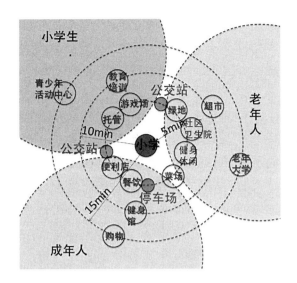

图 6-5 城市小学服务圈
公服布局示意图

针对已建公共设施，可以探索社区开放的运作模式，可分时段利用社会资源，实现社区公服设施共享。如利用学生日间和上班族下班后使用设施时间的差异性，鼓励学校的图书馆、体育场馆等文化、体育设施，在确保校园安全的前提下，积极创造条件向公众开放。

6.1.5 环境设计：儿童步行友好

在城市更新中，环境设计相对于土地使用和道路交通，是提升活跃交通比率成本较低、易于实施的措施。环境设计主要是促进城市小学服务圈步行的方便、健康和舒适。这对于提高城市交通效率、促进儿童体育锻炼、社区交往都非常重要。

宜步和宜居协会（WALC）对宜步社区的评判标准是："规划社区时以人为中心而非汽车，社会、环境、经济等要素都被充分考虑且周边配套设施齐全。"

城市小学服务圈的步行网络主要由儿童安全路径（线要素）和公共空间（点要素）构成，从多个层面融入儿童日常生活。

1. 儿童安全路径

由于小学生发育不成熟和活动中对环境认知有限，对危险的预防能力、抵御能力都要低于成人。威胁小学生安全的因素主要包括社会犯罪、交通事故、城市污染、游戏意外受伤等。建设"儿童安全路径"，满足城市儿童基本安全需求，保障儿童的生存权和受保护权。"儿童安全路径"，不仅让儿童受益，也受益于所有使用群体。

儿童安全路径可以通向儿童们想去的地方，例如有趣公共景观节点以及游戏场所；也可以通向生命周期的其他场所，促进代际交往，例如青少年场所、老人之家等；还可以延伸到城市街道，以便儿童可以接触到成人活动和生活方式。丰富多样的街道生活界面增加步行愉悦感，还可以使儿童可以接触到成人活动和生活方式，起到社会同化的作用。雅各布斯在《美国大城市的死与生》中提到"街道之眼"观点，除了以往研究强调的交通、连接城市街区各部分功能以外，安全、交流以及孩子的同化是街道的主要功能。城市安全是由相互关联的非正式的网络来维持的，街道中行人的目光构成了城市人行道上的安全监视系统，小尺度街区和街道上的店铺，可以增加街道生活中人们相互见面的机会，增强街道的安全感，小尺度的街区会促进活跃交通。安全感和交往空间产生了与孩子的同化功能，一个安全、能够交流的街道空间是孩子们的天然乐园，相比设施完善的公园和游戏场地，沿人行道的公共空间更加受到孩子们的喜爱。

建设独立趣味的步道。最好能够设置儿童专用的健身步道，它是步行网络的一部分，并且它一定是安全的，完全和汽车隔离的，避免汽车从它身边通过；当穿越马路的时候，有信号灯或者过街设施。步道设计突出趣味性，激发儿童步行或者公交通学出行的欲望，发掘儿童的潜在思想，使儿童在通学过程中同时了解社区环境，增长知识，智力得到开发，身体得到锻炼，释放感情，有利于儿童的身心发展。

2. 儿童户外空间

儿童户外空间是一些点状形态空间包含绿化景观、公园和开敞空间，一般占地多为300～1000m²，是社区日常使用的场所。不同规模、层次、步行可达的户外儿童空间通过儿童安全路径组成网络，促进城市儿童与自然的亲近，增加趣味化的教育功能，以保障儿童的发展权和参与权。同时，增加家庭通学步行出行的愿望，促进了社区的凝聚力。

在1989年11月20日联合国大会通过的《儿童权利公约》中明确规定"缔约国确认儿童有权休息和闲暇，从事与儿童年龄相宜的游戏和娱乐活动，以及自由参加文化生活和艺术活动"，确认儿童不仅有发展权、受教育权，而且有享受游戏的权利。国外对户外儿童空间研究较早，已建立研究体系。我国儿童空间设计也日益受到重视。2004年6月9日建设部公布了《居住区环境景观设计导则》，制定了居住区中儿童游乐设施的设置标准。《居住区环境景观设计导则》提出，儿童游乐场应该在景观绿地中划出固定的区域，一般均为开敞式。游乐场地必须阳光充足，空气清洁，能避开强风的袭扰。应与居住区的主要交通道路相隔一定距离，减少汽车噪声的影响并保障儿童的安全。游乐场的选址还应充分考虑儿童活动产生的嘈杂声对附近居民的影响，离开居民窗户10m远为宜。儿童游乐场周围不宜种植遮挡视线的树木保持较好的可通视性，便于成人对儿童进行目光监护。儿童游乐场设施的选择应能吸引和调动儿童参与游戏的热情，兼顾实用性与美观。色彩可鲜艳但应与周围环境相协调。游戏器械选择和设计应尺度适宜，避免儿童被器械划伤或从高处跌落，可设置保护栏、柔软地垫、警示牌等。

6.1.6 学校建设：儿童健康成长家长方便接送

1. 弹性放学

2017年，西安市政府将探索实行小学"弹性放学"制度列入了政府工作报告。2017年3月6日"西安市教育局"公众号发布《我市召开探索小学"弹性放学"制度意见征集会》。西安市政府组织召开探索实行小学"弹性放学"制度意见征集会，听取家长、校长、班主任、区县教育局代表以及市级有关部门意见，探索"弹性放学"的必要性、可行性，缓解家长接孩子放学难的问题。2017年8月22日西安市人民政府网公布消息，《西安市实行小学"弹性离校"工作方案》已经市政府研究同意，进入实施环节。该方案针对西安市行政范围内所有学校，各区县政府是本行政区的实施主体。对按时离校有困难的、小学三年级以下学生（包含民办小学），实施弹性离校时间，原则上不超过18：00，一周不少于4天。以家长自愿报名，学生自主参加为前提，政府对实施"弹性离校"的学校进行财政专项补助。

小学生由于年龄尚小、独立性和自理能力都不够成熟，需要父母的照料和看管。而很多城市父母工作和休息时间收到制约，拥堵的城市交通也加剧的出行困难，父母的确对孩子放学后就餐和午休问题、上下学接送和下班回家前近两小时孩子无人看管的问题"心有余而力不足"。弹性离校制度将大大减少对上班家长的时空制约。但是家长仍然期望孩子在自己无暇照顾到的时间里，通过社会化机构使孩子能得到充分的、优质的生活照顾和教育辅导。

在学校内或者附近应设置教育关爱设施（如中午就餐、午休场所，教育托管场所等），方便家庭需求。同时，让政府设立监督管理机制，或者政府可以给予学校适当的财政支持允许学校提供相应教育关爱服务，使其经营合法化、规范化。

2．占地规模

学校校园规模主要包含两部分，一是组织教学的校舍占地面积，如教学楼、实验楼等；还有一部分是满足学生健康成长的室外空间，如跑道、各类运动场、集中绿地等。从小学生的心理出发，大规模和大班额都不符合教育规律，小学的学生规模最好是1000人左右。另外，从教育公平和均等化角度，也应该限制规模过大。所以城市小学规模不宜超过36班。

随着国家"课后一小时"的提出和校园足球的推广，对学校的体育设施提出了更高的要求。其中环形跑道占地面积大，是影响整体校园用地规模的核心要素。根据《国际学校体育卫生条件试行基本标准》校体艺〔2008〕5号对小学的要求，不同规模的小学必须配备相应的田径场。因此小学用地面积随着班级规模对应的操场类型，呈阶梯状增长。根据对小学建设用地的模拟，可以看出满足能够小学生健康成长的小学用地规模，远远大于《城市居住区规划设计规范》的底线规模。

本着节约用地的原则，学校占地规模仍需要控制，同时鼓励特色发展，城市小学规模宜采用1+n模式。其中"1"为基本用地规模；"n"为可选的校园设施，为特色教育提供更多可能性。学校根据实际确定具体项目和规模，如食堂、宿舍、游泳馆、体育馆、提升的集中绿地等，开展体育运动，满足学生和老师交往与空间的不同需求。

小学运动场地要求   表 6-1

运动场地类别	小学规模		
	小于等于18班	24班	30班以上
田径场（块）	200m（环形）1块	300m（环形）1块	300～400m（环形）1块
篮球场（块）	2	2	3
排球场（块）	1	2	2
器械体操+游戏区	200m²	300m²	300m²

资料来源：《国际学校体育卫生条件试行基本标准》校体艺〔2008〕5号

小学建设用地控制指标   表 6-2

学校规模分组	班数	用地规模（m²）	用地限制要求
小规模（200m道组）	12～18	12000～18000	东西方向不得小于50m，南北方向不得小于90m
中等规模（300m跑道组）	24	19000～23000	东西方向不得小于70m，南北方向不得小于135m
较大规模（400m跑道组）	30～36	27000～33000	东西方向不得小于95m，南北方向不得小于180m

3. 交通组织

随着机动车通学出行比例的增加，在上下学时段，由于人员集中、车辆拥堵，学校门前的城市道路容易交通堵塞，给学生安全和周围交通压力都带来不少隐患。学校分时段上下学、校车接送以及学校门前设置家长等候区和停车位也都会一定程度缓解交通拥堵压力。然而，通过学校门前后退出一定面积的停车场的方法，并不能满足所有接送车辆停车的需求，反而会因为增加停车位促进私家车出行的比例。

结合小街区用地形态，城市小学用地至少两边相邻城市道路，并且设置小学出入口，采用"人车分流"的交通组织，提高接送效率、保障孩子们上下学的安全、缓解周边交通的压力。

例如，宁波市潘火街道的鄞州区德培小学在新校建设时，通过设置地下学生接送区，用人车分流系统解决了学校门口私家车停放导致交通拥堵的问题。地下停车库占地5000m²，其中家长等候区占2000m²，共200个车位。接送孩子的车辆都从沧海路上方圆中心旁边的东门进，再从学校的北门出，一个方向进一个方向出，形成单向行驶路线；电瓶车和步行家长，则走学校南门。学校上、下学接送管理工作也井然有序。建成使用后受到家长和学生的普遍欢迎（图6-6）。

4. 教学空间

教学空间的设计要能应对人口规模的变化以及适应素质教育的空间需求。一

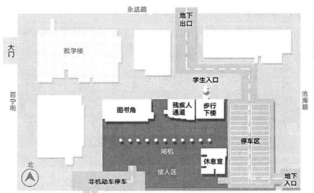

图 6-6　宁波市鄞州区德培小学人车分流交通模式
图片来源: https://
www.toutiao.com/
i6328127810795733505/

人车分流地下停车场示意图　　　　　　　小学生过"刷卡安检通道"

家长休息区

方面我国目前的小学校建筑标准，是与以教师为核心的、编班授课的教学模式相匹配的。应当立足于学生学习发展，通过教学空间的开放性、灵活性设计，提高空间综合功能的利用，促进师生之间的互动式教学。另一方面，教学空间的稳定性与生源规模的变化是一个矛盾。通过开放式教室、分布式教学方式，在增加教学空间的分布性、灵活性的同时，增加教学空间对人口结构特征的适应性。

6.2　城市小学空间布局趋势

6.2.1　城市小学在校生人数的变化趋势

　　根据西安市2000和2010年第五、六次全国人口普查数据，2000年西安市年末常住人口741.14万人，其中，男性人口385.69万人，占52.1%；女性人口355.45万人，占47.9%，性别比为108.51（以女性为100，男性对女性的比例）；2010年西安市年末常住人口846.78万人，其中，男性人口434.08万人，占51.3%；女性人口412.70万人，占48.7%，性别比为105.18（以女性为100，男性对女性的比例）。得到2000年和2010年的人口金字塔，可以看出，图6-7、图6-8呈现缩减型金字塔特征，即幼龄人口在人口金字塔的比例较其他层少或逐渐减少。由于人口政策的变化，家庭小孩数量的增加，会引起人口结构的变化，以及小学生人数的变化。在西安市第五、六次全国人口普查数据的基础上，通过近年来1%人口抽样调查数据校核，建立人口年龄推移预测模型，推测"单独二孩"政策实施后西安市的人口年龄结构变化（图6-9，图6-10）。单独二孩政策对生育率的影响最早体现在2014年。在2021年人口政策影响效应显现后，小学学龄人口迅速增加，尤其在兼受进城务工人员子女影响的城镇地区，这对义务教育发展带来一定压力，预计到2025年达到"峰值"。但是，人口扩张期不会持续太长，在跨过"峰值"点后，人口政策影响效应逐渐消退，适龄人口规模很快会重新进入持续下降期。

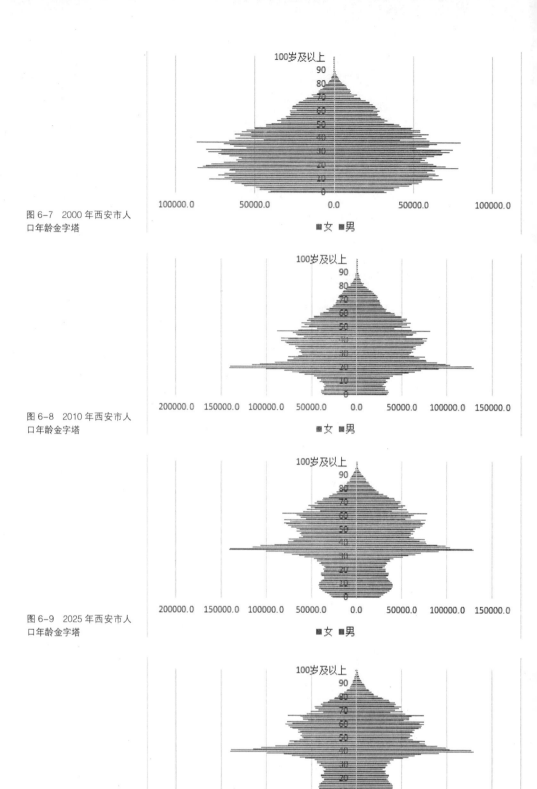

图 6-7　2000 年西安市人口年龄金字塔

图 6-8　2010 年西安市人口年龄金字塔

图 6-9　2025 年西安市人口年龄金字塔

图 6-10　2030 年西安市人口年龄金字塔

根据预测，相比2016年，到2025年全市6-11岁适龄儿童增加7万左右，其中主城6区适龄儿童增加约4万。

6.2.2 主城6区城市小学的布局趋势

2016年主城6区在校生人数34.8万人，城市小学343个，总量基本均衡，但是空间分布不均衡。西安市主城区城市小学空间密度呈现单中心向外围逐渐递减的分布状态，中心密而外围疏。

通过对西安市主城6区城市小学15min步行可达范围与居住用地可视化对比，可以看出老城区（明清历史文化区）城市小学密度高、步行15min服务范围对居住用地的覆盖度高；二环内、三环内城市小学密度向外围递减，一些居住用地不在城市小学15min步行覆盖度范围内（图6-11）。

由于人口处于动态的规模变化和结构性变化之中，使得公共服务设施的匹配难度较大。根据《西安市历史文化名城保护条例》、《西安市城乡规划管理技术规定》以及《西安市进一步加强重点历史文化区域管控疏解人口降低密度的规划管理意见》，老城区是体现古都历史风貌的重要区域，未来还将优化重点历史文化区域环境，降低重点历史文化区域过密的建筑和人口，不再增加居住用地。依据西

图6-11 西安主城6区城市小学15分钟步行可达范围示意

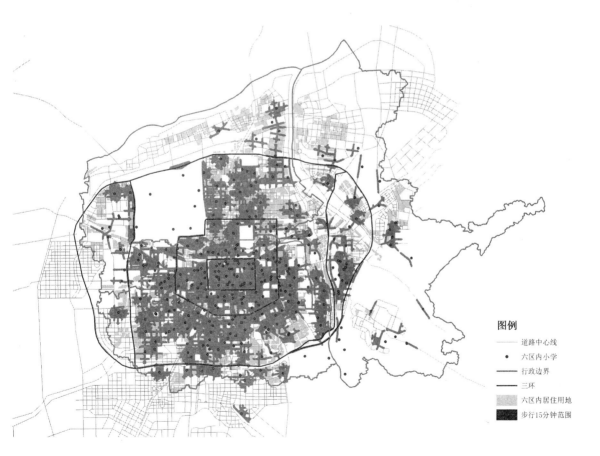

图例

｜｜｜｜ 道路中心线
· 六区内小学
—— 行政边界
━━ 三环
▨ 六区内居住用地
■ 步行15分钟范围

安市老城区人口疏散政策，西安市主城四区大部分都在明清文化区和隋唐文化区内，主城四区的人口规模与设施供给的关系在一定时间内是稳定的。

因此，预测未来新增小学主要在主城6区二环以外的外围地区。新增学校规模为24或者36班，每班45人，大约新增城市小学30所。同时随着老城区的功能疏解，合理减少、调整老城区城市小学的数量、规模。最终实现城市小学空间布局的均衡。

6.3 城市小学服务圈布局策略

6.3.1 既有城市小学服务圈布局优化策略

针对不同城市小学服务圈建成环境类型，其布局优化策略也不同。西安城市建成环境以三个环路大致可以分为三种类型，既有城市小学也以此分为三种类型的城市小学服务圈，进而说明三种城市小学服务圈的布局调整策略。优化策略的依据一方面来自于影响通学出行的建成环境要素分析，还有一部分来源于前期质性访谈与家庭通学满意度调查结果。

老城区（一环内）城市小学服务圈布局优化调整：首先，在宏观层面城市小学数量与规模调整基础上，确定各个城市小学的规模与服务范围；调整措施有改扩建、撤并或者保留等。其次，在居住用地不增加的前提下，提升居住品质，减少因住宅老旧而空置的现状。还有，通过增加城市支路网，构筑开放的步行网络，在城市小学入口200m范围内合理布置公交站点、信号灯与配套过街设施，提高步行和公交可达性。

二环内城市小学服务圈布局优化调整：首先，在宏观层面城市小学数量与规模调整基础上，确定各个城市小学的规模与服务范围，调整措施有新建、改扩建、撤并或者保留等。其次，提升居住品质。还有，增加城市支路网络，打通断头路，完善开放、连续步行网络。另外，合理规划与设计儿童安全路径，提高健康儿童步行环境；合理布置公交站点与配套过街设施，提高步行安全性。

西安市三环内尤其是城市新区是教育设施配置不足较为严重的区域，应该及时规划布点新的城市小学，尤其是当前人口密集或者未来重点发展的新城等重点片区。三环内城市小学服务圈布局优化调整。首先，从宏观上增加城市小学数量，确定各个城市小学的规模与服务范围。其次，以城市小学为核心，促进社区文化中心的营建。还有，结合新开发的支路系统，完善儿童步行网络系统，增加城市支路网络，为提供连通的儿童安全路径提供可能；合理布置公交站点与配套过街设施，提高步行安全性。

1. 一环内：以后宰门小学服务圈为例

根据城市小学整体布局的学校数量与学校规模，合理调整单个小学规模。后宰门小学周边城市小学密度较高，彼此距离较近，教育质量好的学校较多。后宰门小学具有教育名牌效应，外吸能力强，实际学生规模远大于学校占地规模可容纳学生规模，小学服务空间范围远大于学区范围和小学步行可达范围。因此，从大学区范围内重新调整学校数量和规模，在满足就近入学需求的前提下撤并现有城市小学，使教育设施与之服务的人口相匹配，进而确定后宰门小学的实际规模与服务范围。如果保持后宰门小学占地规模（1.1hm²）不变，那么学生规模要大大减少。根据《城市普通中小学校校舍建设标准》现状用地可以承载学生人数500人，大约12班规模。目前后宰门小学建筑规模约6500m²，符合500人生均建筑面积10m²要求，除用于正常教学以外，还有一部分建筑空间可用做学生生活关爱设施，满足在学校午休午餐的需求。

提升现有居住用地的住房品质。后宰门小学服务圈居住用地比例为27%，住宅多为单位家属院，年久失修，住宅品质较差，一些住宅处于空置状态。由于老城区人口疏解，不宜增加居住用地比例。通过提升居住空间品质，提高城市小学服务圈内居住人口密度，使城市小学提供更好就近入学服务配套。

增加支路网密度，优化社区共享空间。学校周围用地之间宜增加支路或者共享支路，在支路上增加公交线路，提高交通可达性。让支路发挥社区生活街道的作用，沿支路两侧布置商业、服务设施和社区绿地等，成为社区生活共享空间；

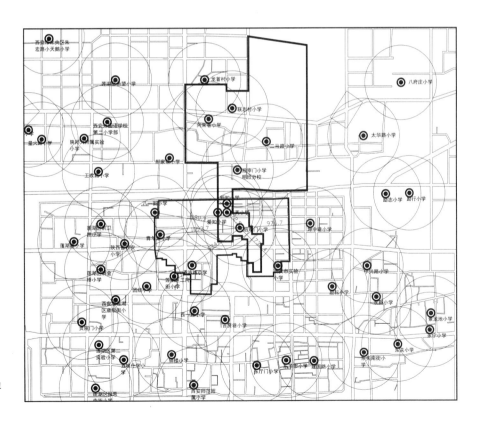

图 6-12　后宰门小学周边小学示意图

同时减少社区日常活动引发的城市干道交通拥堵。开放城市公园——"革命公园"，使公园内主要道路与城市支路相连，减少城市绿地公园对社区的分隔作用。

建设儿童安全路径，以此联结各类城市绿地公园、公共空间，对街道界面等再设计，形成安全、健康、连续的步行网络。在城市小学入口200m范围内，合理布置公交站点以及校车接送点，方便换乘。对公交站台进行人性化设计，引导小学生礼貌乘车。设置安全过街设施，减少车行交通干扰，创造健康安全步行环境（图6-13）。

2. 二环内：以建大附小服务圈为例

建大附小服务圈内的用地结构合理，用地混合度较高，以单位用地为主，周边的城市小学密度较高（图6-14）。

根据城市小学整体布局规划调整建大附小的规模。建大附小教育质量较好，外吸能力较强，实际学生规模（24班，班额数达到64人/班），占地4800m^2，与建大附中合用一个跑道操场，生均建设指标远远低于国家规范。招生规模大于实际

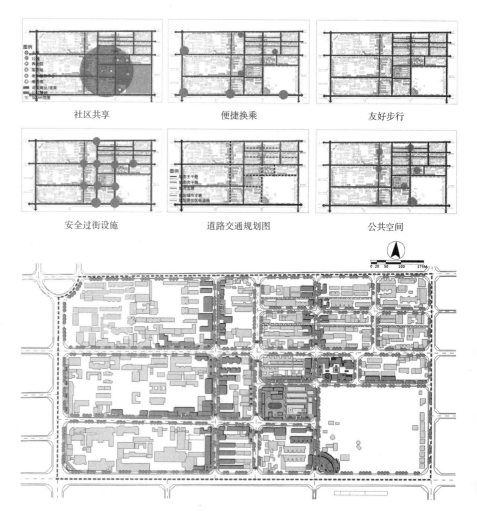

社区共享　　便捷换乘　　友好步行

安全过街设施　　道路交通规划图　　公共空间

图 6-13　后宰门小学周边
布局规划示意图

可容纳学生规模，小学服务空间范围也大于学区范围和小学步行可达范围。建大附小周边的城市小学密度较高，小学占地面积都不大，为就近居民提供了较好的教育服务。结合小学规模与步行可达范围，从城市宏观层面重新调整学校数量与规模，进而确定建大附小的实际规模与服务范围。建议随着城市更新，提高建大附小周边开发强度，拆除老旧多层住宅新建高层住宅，减低住宅密度，增加公共空间，提升居住品质，满足不同生命周期家庭需求。腾出用地重新规划小学用地，使建大附小与建大初中分别为独立用地。在小学一侧增加支路，在不同道路设置出入口，并且通过新建全地下停车场实现人车分流的交通组织方式。延续目前"弹性放学"教学管理制度，方便家长接送。新建教学空间探索适应于教学与午休的多功能混合教学空间，提供中午就餐、午休的服务，以此解决为学生提供生活关爱设施的问题。

增加支路网密度，打通断头路。建大附小周边单位大院空间形态对城市道路形态影响较大，对于城市小学与周边用地的交通组织带来一定困难。结合建大附小周边居住空间更新，优化建大附小周边城市支路网结构，增加支路，打通断头路，加强社区间服务设施、绿化广场等共享。在次干道、支路上合理布局公交线路和公交站点，引导更多远距离家庭采用公交出行。在城市小学入口200m范围内，合理布置公交站点以及校车接送点，方便换乘。对公交站台进行人性化设计，引导小学生礼貌乘车。

儿童安全路径环境设计。对现状使用状况较差的小广场、小绿地、街道界面进行再设计，围墙涂鸦或屋顶、桥下空间改造，使原来较为消极的空间转化为"红线公园"，"口袋公园"等积极有活力的空间。在学校附近的步行空间设计中应当发掘空间的趣味性，用有趣的元素吸引儿童的注意力，不仅可以吸引儿童到

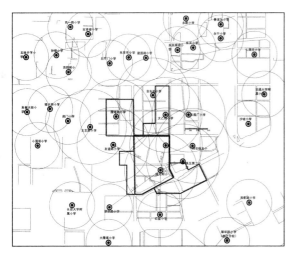

图 6-14　建大附小周边小学示意图

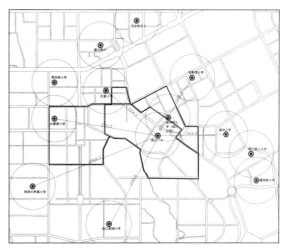

图 6-15　曲江一小周边小学示意图

图 6-16 建大附小周边布局规划示意图

社区中进行游戏、学习知识、与社会会接触、活跃社区气氛，还可以促进看护人的社区交往（图6-16）。

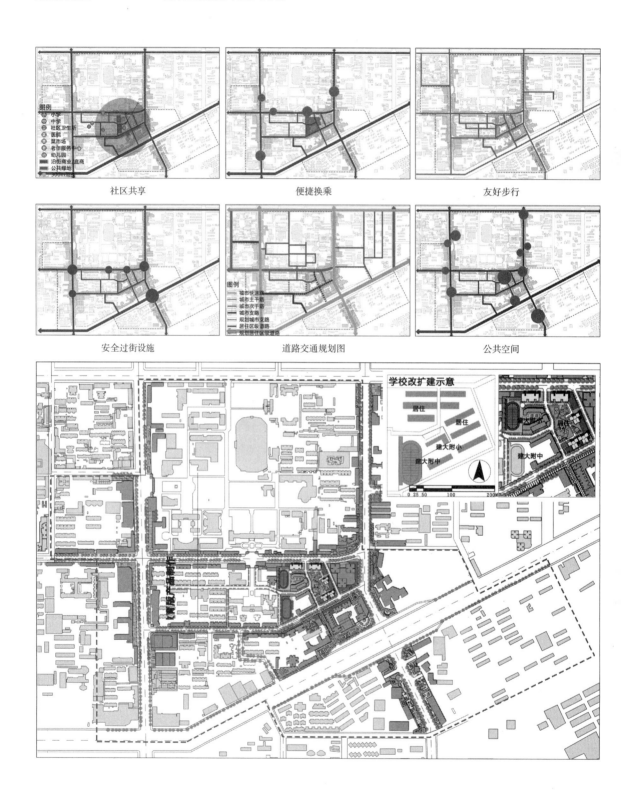

3. 三环内：以曲江一小服务圈为例

西安市曲江新区城市小学密度低（图6-15），根据城市小学整体布局规划，增加小学数量与合理调整学校规模，避免超大规模（大于36班）学校。曲江一小的学区范围远大于步行可达范围，也大于其学校规模的合理服务范围。随着入住率提高，供需矛盾日益明显。建议在其周边合理增加城市小学，其规模与服务人口匹配。

以城市小学为社区核心，完善社区设施布局。曲江一小服务圈的居住用地比例为62%，居住以新建高层住宅为主。用地混合地较低，社区生活配套不完善，单位用地或者提供就业的功能用地比例很少。在小学附近增加沿街服务设施，鼓励沿街商业发展，促进社区中心的发展。

增加支路网和步行路网。曲江一小附近步行道与车行道之间有绿化隔离带，沿人行道还有宽阔绿化带以及一些趣味性游戏空间，激发儿童步行或者骑自行车出行的欲望，所以该校小学生尽管步行出行距离较远，但是出行比例仍然很高，这与良好的步行体验密不可分。但是门禁小区形成的大街区，降低了步行可达性。建议居住小区之间结合实际条件，增加支路或采用共享支路措施，提高步行通畅性（图6-17）。

6.3.2 新建城市小学服务圈布局规划策略

新建小学规划布局应与其服务圈内城市人口密度、用地开发强度综合考虑，进行一体化设计，营造兼具环境友好、设施充沛、活力多元等特征的小学服务圈。从土地使用、交通组织、环境设计和学校建设等物质层面，系统组织城市小学服务圈内部空间布局，形成一个以城市小学为核心的步行可达、活力便捷的设施圈。

城市小学服务圈作为城市基本空间单元，应视为一个居住、生活以及工作等多功能复合的有机整体，因此，除了居住、服务等功能以外，就业也应进行考虑。建议就业用地占比15%～25%，主要包括商业、商务办公、公共服务设施等非居住用地类型。以公共交通站点或公共活动中心为核心，鼓励在200～300m半径范围内集中布局就业空间。

倡导城市小学服务圈内住房类型的多样性，形成合理的住房套型结构，满足不同生命周期家庭的差异化住房需求。一是在城市小学周围覆盖范围内提高商品住房用地的中小套型住房比例。二是针对不同人群需求，在小学周边提供差异化的公共租赁房，增加租赁房比重；鼓励建设多类型、多标准的公共租赁房，适当布置学生家庭公寓、教师公寓、老人公寓和廉租房等，吸引不同家庭需求。三是鼓励开发商自持租赁，提高租赁住房比重，促进职住平衡。

城市小学服务圈的用地模式采取和城市公交系统有机结合的布局方式。城市小学所在街区应为中小尺度街区，便于与周边社区的交通组织与资源共享。城市

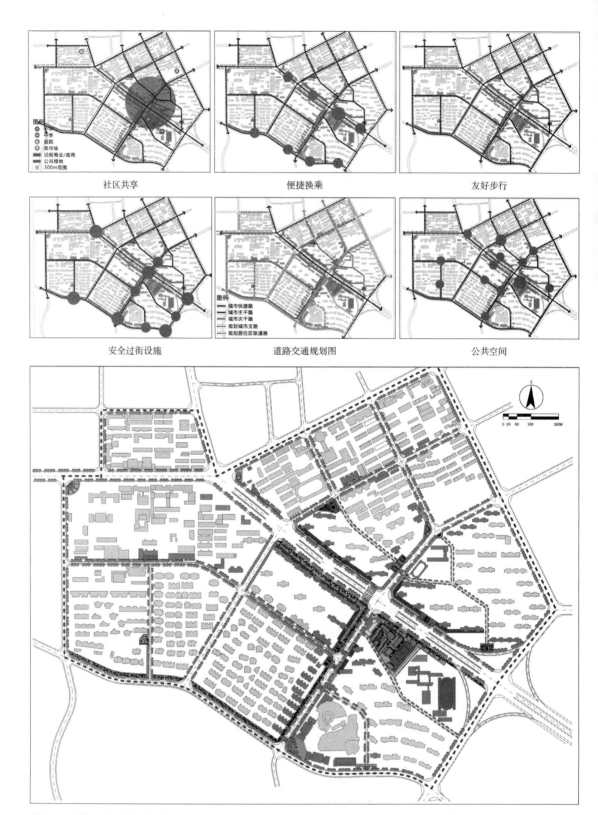

图 6-17　曲江一小周边布局规划示意图

小学服务圈内的街区尺度集中在60~200m，住宅街区规模宜为2~4hm^2，支路网密度达到7~9km/km^2。结合小街区用地形态，城市小学靠近城市次干道或者支路，通过小学附近不同道路上设置出入口。

提高城市小学服务圈内公交路网密度，在支路上增加设置公交站点。在城市小学附近可达性较好的城市道路布置适当数量的公交车站和公交线路，公交车站与小学入口的距离宜在200m以内。如果附近有地铁，宜在与小学500m范围内设置地铁出入口。鼓励在轨交站点周边150m范围内，统筹布局地面公共交通换乘站（建议换乘距离50m以内）、社会停车场库、自行车存放场、出租车候客点等换乘设施。

重点完善5min短距离出行需求的设施圈层，建议在5min圈层上尽量布局幼儿园、公园、养老设施以及菜场等设施。建设"儿童安全路径"，设置儿童专用的健身步道，步行网络密度达到14km/km^{2}以上，路口间距宜为80~120m。一般地区的步行网络密度不低于10km/km^2，路口间距宜为100~180m。提高步行网络的连续性与可达性。

6.4 城市小学服务圈的相关政策建议

6.4.1 促进小学生步行上学的政策

政府在认识到儿童权利的基础上，应切实贯彻"儿童优先"的原则和倡导儿童友好城市精神，并制定积极的公共政策是保障儿童城市空间权益。国际上针对儿童空间的公共政策保障主要体现在两方面：一是上学安全路径；二是积极的公共空间开放政策。

儿童上下学的通学路线是儿童与城市必然的、也是最大的接触面，其安全健康问题可看做是城市儿童的最基本问题，得到各国儿童友好城市空间建设中的重视。比如美国"马林县安全步行和骑自行车上学（Marin Country Safe Walking and Biking to School）"项目就是要吸引孩子通过"步行公交"或者"自行车公交"达到步行或骑自行车去上学的目的。学生在沿途指定车站等候，结对步行或骑自行车去学校，并配有成人向导。英国伦敦采用了"步行巴士"（Walking Bus）的理念与做法，指一群孩子在两个以上大人的护送下步行上下学。城市中则设置一系列"步行巴士"单独的"车站"空间（沿途可以让孩子们加入步行巴士的地点），并注明"接站时刻"，串起儿童安全路线。在荷兰代尔夫特，自2004年开始实施儿童安全增进计划（Children Safer in DeIf）中，关键的措施就是建设儿童出行路径（Kindlint），以促进街区环境的安全性和丰富性。前者解决的是儿童敢不敢独自出行的问题，后者解决的则是在此安全的基础上，儿童愿意不愿意独自出行的问题。

丹麦1976年奥登塞推出"上学安全路计划"（Safe Routes to School，简称SRTS），将参与该项目的学生的交通事故大幅减少。欧美各地相继大规模实施这项政策措施。这项政策实施内容从教育（Education）、鼓励（Ecouragement）、工程（Egineering）、强制措施（Enforcement），即"4E"四个方面促进儿童步行/骑车上下学，具体包括人行道、自行车道、交通设施等基础设施改造与交通安全教育、志愿者、法律等非基础设施改造措施。此外，还有促进儿童步行计划（CDC's KidsWalk programs）等政策促进儿童体力活动。1999年10月，美国加利福尼亚首次推出SRTS的建设规划，并且签订了加利福尼亚1475号立法文件。2005年美国推出SRTS计划，旨在鼓励更多的孩子步行或者自行车上学，最终实现整个社会减少车行交通、降低石油消耗以及避免空气污染等目标。

建成环境与通学出行行为研究也对这些政策实施绩效进行了有效的评价。斯汤顿等人对SRTS绩效计划评估指出，加利福尼亚地区的马林县地区步行上学的比例因为这项计划增加了64%。博阿尔奈特（Boarnet）对加利福尼亚10所小学实施SRTS计划前后学生通学方式变化的对比，提出政策可以影响出行行为，SRTS计划中交通信号改进工程对于促进活力交通效果明显，但人行道及其信号改进则没有明显效果。麦克唐纳通过对2007～2012年间，在得克萨斯州、佛罗里达州、俄勒冈州和华盛顿州持续五年近800所学校的研究发现：实施SRTS与未实施SRTS计划学生通学方式的对比，策略步行和骑自行车的（上学）采用率上升了43%，发现在高密度建成环境地区，SRTS的作用更加明显的结论。

可以看出，公共政策可以有效促进小学通学方式的改变，对小学生健康、城市交通组织、生态环境都有益处。

6.4.2 完善不同规划编制阶段城市小学规划内容

1. 教育设施编制方法存在问题

小学布局应该是从宏观到微观的规划布局过程，但是每个空间层面的规划内容尚不清晰。

2012年1月1日起，新版用地分类与规划建设用地标准（GB 50137—2011）正式实施。中小学用地从居住用地大类调整到公共服务和公共管理设施用地大类中的教育科研用地内，其用地性质发生转变，也带来了空间布局的新问题。首先，小学是公共设施的一部分，也是城市总体规划的强制性内容[①]。但是国家标准对于小学布局强制性内容还不确定，即是数量强制还是空间强制，是部分强制还是全部强制，是近期强制还是远景控制以及在总体规划层面怎么强制等并未给出解释和要求。

其次，城市总体规划的结构性布局与小学点多面广、分布均匀的技术性要求较难切合，增加了下位规划的调整难度。不同城市规模（小城市、中等城市和大

① 城市总体规划强制性内容第三部分：城市基础设施和公共服务设施。包括：城市主干道的走向、城市轨道交通的线路走向、大型停车场布局；城市取水口及其保护区范围、给水和排水主管网的布局；电厂位置、大型变电站位置、燃气储气罐站位置；文化、教育、卫生、体育、垃圾和污水处理等公共服务设施的布局。

城市等）及其总规阶段强制性布局深度不同，小学布点、数量与面积的精准度也将会不同。小学布局所涉及的布点、数量、面积以及学区范围等内容确定，面对不同城市规模难度也不同，很难用一个标准来操作。

总体规划阶段的小学布局难以有效指导下位规划。对于小学布局，规划只有一个层次，对于下位规划来说，小学布局只需落位总体规划核准的内容即可。然而，在总体规划层面存在诸多不确定因素下的小学布局，在下位规划编制的时候，在具体的位置和规模上很难落实到位，在规划的上下层次转承与实施中变数较多。

2. 总体规划阶段的内容完善

在总体规划的指导下，规划编制部门编制教育设施专项规划作为编制控制性详细规划的依据。

根据人口普查数据、出生率以及不同区域的人口结构，合理预测适龄人口规模；根据规划末期小学生人数估算需要的小学数量与用地规模；确定城市小学所在街区，而对城市小学具体位置不做强制性要求。

根据学校生均建设规模与小学用地对空间供需做评判，为空间重新配置提供依据；对于老城区学校过剩的现象，主要是整合和提升，对于新区供给不足的地区要增加配置等。

3. 控制性详细规划阶段的内容完善

经规划主管部门审批的控制性详细规划作为规划管理的直接依据。

控规里除了确定城市小学用地的容积率、建筑高度、建筑密度、绿化率等开发等指标以外，确定与城市道路的关系，确定出入口的数量与位置；

确定城市小学位置，确定城市小学的服务边界，增加对城市小学服务圈的用地结构、道路密度、街区尺度等的规划指标；例如城市小学服务圈所在街区宜为中小尺度街区，便于城市交通的疏导；增加校园门前空间的规模指标；增加方便家庭通学出行可达、换乘的交通设施布局的规划指标；增加促进家庭步行出行的小学周围步行空间设计引导指标；增加对城市小学周围的公服设施合理距离的引导指标；等等。

4. 修建性详细规划阶段的内容完善

从适宜儿童身心、体力活动发展角度对教学、生活建设指标进行调整和完善；

结合家庭出行需求，合理布置出入口，组织上下学交通，对于超过1000学生数的小学宜布置两个出入口，宜采取人车分流的交通组织；

通过建筑底层设计或者学校门前空间退让的方法合理布置小汽车停放空间；

根据家庭对学校生活关爱场所的需求，在学校内或者周边合理设置。

6.4.3 教育部门参与城市小学布局规划全过程

1. 存在问题

部门运行程序复杂。在落实"义务教育以区、县为主"的教育政策要求下，各级政府部门逐渐形成一套相对完善的管理体制，对于城市小学的规划建设有明确的分工，见表6-3。但是，缺乏教育部门从宏观到微观的参与和监督。教育部门仅在中小学布局专项规划的编制阶段提出意见，并未参与控制性详细规划和修建性详细规划的审查，无法检验专项规划在控制性详细规划层面的落实情况。当遇到上位规划变性、基础设施和重大公共设施影响布点实施、重大建设项目侵占学校用地等问题，以及各方面的压力和错综复杂的因素时，若完全依靠规划编制人员的职业素养，就容易因规划编制人员的疏忽、规划主管部门把关不严而造成规划布点缺失。

区级政府部门关于小学规划建设的任务分工 表6-3

部门	部门职能
市、区人民政府	统一领导和组织实施，统筹协调各有关部门，形成良好的工作机制
教育局	按照国家义务教育办学标准，负责具体指导实施；编制义务教育发展规划，开展义务教学工作；参与县政府的城市规划，确保新建居住区项目的中小学建设
建设局	按照教育教学需要，建设符合国家相关标准的校舍，减免校舍建设规费
规划局	将中小学建设纳入新居住区公共服务设施，同步规划。
国土局	优先保障教育项目建设用地，保证教育用地项目的正常审批，减少教育醒目用地费用
经发局	纳入国民经济和社会总体发展规划，指导相关部门编制总体规划，积极协调建设资金，加大对义务教育的投入
财政局	安排专项资金，加强对资金的监督管理，提高资金使用效益
人防办	支持学校规划建设的实施，免收相关费用
监察局	监督学校规划建设的招（议）标程序是否合规，督查工程资金
审计局	提供服务和监督，对工程项目资金进行专项审计
人社局	负责在编制、教师职称等方面给予政策倾斜
公安局	切实保障师生安全和校园周边治安环境
地税局	加强城市教育费附加征收工作，确保足额入库
综治局	加大对校园周围环境的整治力度，维护学校及师生的合法权益
学校	根据自身需要，提出学校建设规划措施，向有关部门提出申请

资料来源：根据参考文献［12］与调研整理得出

2. 规划编制阶段

在以往规划编制过程中，教育部门仅在中小学布局专项规划的编制阶段提出意见，并未参与控制性详细规划和修建性详细规划的审查，无法检验专项规划在控制性详细规划层面的落实情况。当遇到上位规划变性、基础设施和重大公共设施影响布点实施、重大建设项目侵占学校用地等问题，以及各方面的压力和错综复杂的因素时，若完全依靠规划编制人员的职业素养，就容易因规划编制人员的疏忽、规划主管部门把关不严而造成规划布点缺失。

应着重加强教育部门在控制性详细规划阶段的参与度，便于更好地落实城市小学的布局。在控制性详细规划审批前，规划主管部门应该征求市、区教育部门的书面意见，市、区教育部门应依据已批准的教育设施专项规划，针对该控制性详细规划中居住和基础教育设施用地的布局和建设量提出明确意见。若教育部门不同意该规划布局，规划主管部门不予审批。

3. 核发一书一证阶段

在居住类建设项目报建阶段，由于居住类建设项目与教育设施的建设息息相关，教育部门也要承担教育设施建设的报建工作，监管建设项目的土地使用等建设行为对教育设施建设的影响。

在核发居住类建设用地规划许可证前，规划主管部门应该征求市、区教育部门的书面意见。市、区教育部门应依据已批准的教育设施专项规划以及控制性详细规划的教育设施布局内容，针对具体项目总平面规划、建设量对基础教育设施的影响提出明确意见，特别是在开发项目内含有新建、扩建学校的情况下，教育部门应针对教育用地规模、布局等学校的建设条件提出具体要求。只有当教育部门同意该项目的总平面规划后，规划主管部门方可核发建设用地规划许可证。

4. 核发建设工程规划许可证阶段

在核发建设工程规划许可证之前，规划主管部门应该征求市、区教育部门的书面意见，对于开发单位配建学校的情况，教育部门应针对前面提出的学校建设条件进行检查，按照学校建设的各种要求，核准学校施工图；对于由开发单位代为整理的土地，教育部门负责检查建设情况，开发单位应立即移交教育用地。当学校建设施工图不符合教育部门要求，或开发单位拒不移交教育用地时，规划主管部门应依据教育部门的意见不予办理建设工程规划许可证。通过这一环节，使教育设施的配建和教育用地的供给得到了保障。

5. 发放房产证阶段

在建设工程竣工验收后、发放房产证前，房产部门应征求教育部门意见，而教育部门则主要针对开发单位配建学校校舍的建设情况给予评定和验收，开发单位应按照规定时间及时移交教育用地和校舍，对于没有移交教育用地和校舍的开发单位，房产部门不予发放房产证。

6.5 小 结

提出城市小学服务圈布局策略研究。首先，提出城市小学服务圈布局模式，具体从土地使用、交通组织、环境设计和学校建设等四个方面提出布局引导。结合西安市城市小学布局，提出既有城市小学布局服务圈布局优化策略以及新建城市小学服务圈布局规划策略。并且，建议城市小学服务圈布局应有相应的公共政策保障。

希望通过对城市小学服务圈规划完善，引导更多家庭选择步行和公交通学出行，也希望通过建成环境的改善引导家庭就近合理择校，拓展了城市小学均衡配置的研究思路。

中国已经进入新型城镇化发展阶段，城市工作必须要尊重城市发展规律，要坚持人民城市为人民，才能让老百姓不断增强获得感。深入贯彻集约、智能、绿色、低碳的发展理念，优化城市空间结构、集约城市土地利用，提高城市品质和提高居民生活质量是城市发展的重要目标。

城市小学是公民教育的起点。中国人向来注重子女教育，城市小学日常通学出行成为影响家庭生活品质和城市空间组织效率的重要公共服务设施。由于历史原因，西安市城市小学空间分布并不均衡。在不断变化的城市环境中，城市小学及其周边用地布局如何满足多元的家庭通学出行需求，是提升城市品质过程中面临的问题。

城市小学服务圈布局影响通学出行效率与品质。从家庭通学出行与城市小学服务圈建成环境的互动关系中，找到城市小学空间服务圈布局的内在规律与存在问题，进而提出城市小学服务圈模式，为优化既有城市小学和新建城市小学提出规划策略。对于完善城市小学布局、提高居民公服设施可获性都具有一定意义。

7.1 研究结论

通过对家庭通学出行特征、通学出行时空特征、基于通学行为的城市小学服务圈建成环境指标体系、西安市城市小学服务圈布局特征、城市小学服务圈布局模式和策略等方面的研究，得出以下结论。

1. 发现家庭通学出行特征的变化：距离扩大且时空稳定

我国城市小学是在假设步行可达性的前提下的空间布局。通过家庭调研问卷的汇总分析发现，与标准规范的城市小学500m服务半径相比，城市小学通学出行的特征发生了变化：（1）城市小学家庭通学出行大约是15min出行时距，并且时空距离相对稳定，城市小学服务范围比500m服务半径扩大；（2）出行方式以步行和私家车为主，长距离出行比例增多，但是公交出行比例很低；（3）不同出行方式下，通学出行时空可达性差异较大，公交出行效率较低；（4）接送频率与接送时间对家长制约明显，尤其是工作家长；（5）接送家长以老人为主，上班家长比例不足一半；等等。研究发现，我国城市小学布局方法与家庭通学时空出行实际情况并不完全匹配。

2. 揭示了通学出行时空特征

通过深入访谈，获得家庭通学活动日志，运用时间地理学时空棱柱表示方法对家庭通学活动路径进行可视化表达，总结了30种家庭活动路径类型。研究发现：家庭出行制约来自能力制约、组合制约和权威制约三方面。能力制约体现在基于小学生的生理特征，要求通学出行距离短、而出行速度慢；对通学路程安全需求高，需家长陪伴。组合制约体现由于通学出行的双主体，通学出行的"人—时间—空间"三者要素之间相互影响，相互制约。其中"住—教—职"的空间联系模式对家庭通学出行决策的影响非常显著。权威制约主要体现在教育政策、城市形态、住房市场等对家庭通学出行决策有重要影响。

进而总结出家庭通学出行时空特征：（1）空间联系存在三种模式，即住教就近、教职就近、住教职不就近；（2）通学出行存在三个范围，即步行15分钟出行圈、公交15分钟出行圈和步行5分钟设施圈。

3. 构建了基于通学行为的城市小学服务圈建成环境指标体系

基于就近入学政策背景、步行可达性和"住教职"空间要素的整体性，将城市小学与其周边用地视为整体，提出"城市小学服务圈"，以满足家庭需求和提高城市微观空间组织效率。基于通学出行的西安市城市小学服务圈构建了建成环境影响指标体系，包含4个一级因子，即土地使用、道路交通、环境设计和学校建设；12个二级因子：可达范围、用地密度、用地混合度、道路密度、出行多样化、距离、换乘、交通设施、步行友好、便捷公服、时间管理、空间品质等指标；38个三级因子，等等。对应城市、街区/社区、建筑层面不同层面的空间尺度，也对接国内的城市规划、交通规划、社区建设和学校建设等不同层面物质空间要素。

4. 剖析了西安市城市小学服务圈布局特征及问题

从家庭通学出行角度，分析主城四区19个学区长小学服务圈布局特征。发现城市小学服务圈建成环境并未很好地适应家庭出行需求，具体表现在：（1）城市小学的学生规模、用地规模与其服务发范围互相不匹配；（2）城市小学及其周边用地并未对家庭通学出行需求做出何种应对与调整。主要体现在以下几方面：用地结构差异大，居住用地比例差异大；大街区、宽路网普遍；公交服务效率低，选择公交通学出行的很少；缺乏儿童步行友好环境设计，城市新区比老城区步行环境好；学校设计单一标准化，不能满足家庭生活托管的需求，等等。在此基础上，通过对不同城市小学服务圈建成环境进行对比分析，总结出影响通学出行的建成环境共性因子，即学校建设、用地形态和结构、支路网密度、公交换乘和安全路径。

5. 提出了城市小学服务圈布局模式

提出城市小学服务圈模式：即以小学为中心，以5min设施服务圈，15min步行服务圈为服务半径，以高密度混合用地、小街区密路网、绿色出行、利于儿童成长和方便家长接送的校园建设为特征的布局结构。范围约1~3km²（步行15min时空范围）；服务人口大约在1.0~3.4万人，城市小学规模与城市小学的服务人口动态匹配。

6. 提出既有和新建西安市城市小学服务圈布局策略

结合西安市城市小学布局，提出既有城市小学布局服务圈布局优化策略以及新建城市小学服务圈布局规划策略。并且，建议城市小学服务圈布局应有相应的公共政策保障。

7.2 研究展望

1. 完善样本小学类型

由于问卷调研获取难度较大，目前搜集到6个城市小学500多个的家庭时空路径的信息，并以此总结出县市城市小学家庭通学出行路径类型。后续研究将增加不同类型的城市小学（如非学区长小学）的家庭通学出行数据，一方面对西安市城市小学通学出行的特征有更全面的了解，对已有研究结果进行验证；另一方面，可以对比不同类型城市小学与学区长小学的出行特征以及内在影响制约机制。

2. 完善建成环境与通学出行的关联性研究

目前研究针对19个小学收集了数据，分析结果还不能明确总结学校周边建成环境因素对通学出行影响程度的绝对大小，以及还不能从那些在分析中呈显著相关性的因素中确定哪些对上下学交通方式的影响更大。

以后可以增加不同类型小学，完善建成环境与通学出行的定量分析。可以在两个方面继续：（1）定量分析影响通学出行建成环境因子筛选，更好解释通学行为与建成环境的相关性。（2）目前建成环境数据主要通过现场调研以及图纸绘制测绘得到，后续工作可以改进调研方法，比如可以利用百度地图API提取学校附近的建成环境数据，以此减少人工调研的繁重工作量，也能保证数据收集口径的一致性。

3. 完善城市小学服务圈布局动态规划研究

人口变化与公共服务设施的匹配难度较大，本书研究的背景是基于现状的西安市主城区发展趋势下，城市小学布局如何满足家庭通学出行的需求。当人口规模变化以及结构变化时，影响城市小学服务圈布局的因素也会发生变化，通学出行的"人时空"关系会出现新的组合，还会出现新的城市小学服务圈布局方式去适应这种变化。后续针对城市小学服务圈布局规划的动态适应性可以深入研究。结合相关规划实践，对城市小学服务圈布局模式做进一步的验证与完善。

［1］国家统计局. 中国统计年鉴2017［J］. 北京：中国统计出版社，2016，4-5.

［2］习近平. 决胜全面建成小康社会夺取新时代中国特色社会主义伟大胜利——在中国共产党第十九次全国代表大会上的报告［R］. 北京，中华人民共和国中央人民政府，2017［2017-10-27］. http://www.gov.cn/zhuanti/2017-10/27/content_5234876.htm.

［3］翟博. 教育均衡发展指数构建及其运用——中国基础教育均衡发展实证分析［J］. 国家教育行政学院学报，2007，（11）：44-53.

［4］国家统计局.《中国儿童发展纲要（2011—2020年）》中期统计监测报告［N］. 中国信息报，2016-11-02（002）.

［5］张钰，张振助. 中国义务教育公平推进实例研究［M］. 北京：教育科学出版社，2011.

［6］刘秀峰. 初衷与现实：就近入学政策的困境与走向［J］. 四川师范大学学报（社会科学版），2017，44（02）：85-90.

［7］邱泽奇. 社会学是什么［M］. 北京：北京大学出版社，2002：111-113.

［8］张品. 教育作用下的城市居住空间演化［J］. 社会工作（下半月），2010，（8）：57-59.

［9］亚当·斯密. 国民财富的性质和原因的研究［M］. 北京：商务印书馆，1996.

［10］Samuelson P A. The Pure Theory of Public Expenditure［J］. Review of Economics & Statistics，1954，36（4）：387-389.

［11］费彦，王世福. 城市居住区教育配套设施的建设标准研究——以广州为例［J］. 华中科技大学学报（城市科学版），2008，（1）：88-91.

［12］黄明华，王琛，杨辉. 县城公共服务设施：城乡联动与适宜性指标［M］.

武汉：华中科技大学出版社，2013：33.

［13］冯学军. 中国义务教育财政投入不均衡问题研究［D］. 辽宁大学，2013.

［14］王亚明. 义务教育入学机会平等的实现方式——以"就近入学"与"自主择校"的平衡进路为视角［J］. 社会科学战线，2017（10）：219-227.

［15］王凌云，谢兵."就近入学——划区管理"模式的宪法批评［J］. 前沿，2008（04）：103-105.

［16］吴启焰. 大城市居住空间分异的理论与实证研究［M］. 科学出版社，2016.

［17］GB 50137—2011.城市用地分类与规划建设用地标准［S］. 北京：中国建筑工业出版社，2011.

［18］GBJ 137-1990.城市用地分类与规划建设用地标准［S］. 北京：中国计划出版社，1991.

［19］彭瑶玲，孟庆，李鹏. 民生视角下的重庆市公益性服务设施规划标准研究［J］. 规划师，2016，32（12）：45-49.

［20］叶慧. 20世纪历史进程中"儿童权利"的演进——从《日内瓦儿童权利宣言》到《儿童权利公约》［D］. 上海师范大学，2012.

［21］丁宇. 儿童空间利益与城市规划基本价值研究［J］. 城市规划学刊，2009，（z1）：177-181.

［22］Perry C A，R. C W. Housing for the Machine Age［J］. Social Service Review，1939. P：59

［23］Strayer G D，Engelhardt N L. Public Education And School Building Facilities［M］. Regional Plan Of New York And Its Environs，Volume Vii.New York：Arno Press. 1974.（Original Work Published 1929）

［24］诺伦·麦克唐纳，郑童，张纯. 学校选址：社区学校的争议性未来［J］. 上海城市规划，2015，（1）：112-122.

［25］Beaumont C E，Pianca E G. Historic Neighborhood Schools In The Age Of Sprawl：Why Johnny Can't Walk To School［M］. Washington，Dc：National Trust For Historic Preservation. 2002.

［26］Ewing R，Greene W. Travel And Environmental Implications Of School Siting［R］. Washington，DC：U.s. Environmental Protection Agency. 2003

［27］Myers N，Robertson S.Cresting Connetions：Cefpi Guide For Educational Fcility Planning［M］. Scottsdale，Az：Council Of Educational Facility Planners，International.2004.

［28］吴志强译制组. 城市土地使用规划（原著第五版）［M］. 北京：中国建工出版社，2009.P237.

［29］Mccann B，Beaumont C. Build "Smart".［J］. American School Board

Journal，2003，190：24-27.

［30］Baum，H. Smart growth and school reform：What if we talked about race and took community seriously?［J］Journal of the American Planning Association，2004，70（1），14-26.

［31］Hagerstrand T. What About People in Regional Science?［J］. Papers and proceedings of the regional science association.1970，24：7-21.

［32］Lenntorp B. A time-geographic simulation model of invidual activity programs. In：Calstein T，Parks D and Thrift N eds. Timing space and spacing time Vol.2：Human activity and time geography. London：Edward Arnold，1978，162-180.

［33］柴彦威. 中日城市结构比较研究［M］. 北京：北京大学出版社，1999.

［34］Hiroo K. Day Care Services and Activity Patterns of Women［J］. Japan. GeoJournal，1999，48（03）：207-215.

［35］Cervero R，Gorham R.Commuting in Transit Versus Automobile Neighborhoods［J］. Journal of the American Planning Association，1995，61（2）：210-225.

［36］毛蒋兴，闫小培. 国外城市交通与土地利用互动关系研究［J］. 城市交通，2004，28（7）：64-69.

［37］ Genevieve Giuliano. Research issues regarding societal change and transport ［J］. Journal of Transport Geography，1997，5（3）.

［38］王侠，焦健. 基于通学出行的建成环境研究综述［J］. 国际城市规划，2018，33（06）：57-62+109.

［39］Kles ges R C，Eck L H，Hanson C L，et al. Effects of obesity，social interactions，and physical environment on physical activity in preschoolers. ［J］. Health Psychology，1990，9（4）：435-49.

［40］McDonald N C. Children's Mode Choice for the School trip：the Role of Distance and School Location in Walking to School［J］. Transportation.2008，35：23-35.

［41］Ewing R，Schroeer W，Greene W. School location and student travel：Analysis of factors affecting mode choice［J］. Transportation Research Record：Journal of the Transportation Research Board，2010：55-63.

［42］Ding D，Sallis J F，Kerr J，et al. Neighborhood Environment and Physical Activity Among Youth：A Review［J］. American Journal of Preventive Medicine，2011，41（4）：442-455.

［43］Mcmillan T E. Urban Form and a Child's Trip to School：The Current

Literature and a Framework for Future Research [J]. Journal of Planning Literature, 2005, 19 (4): 440-456.

[44] Jenna R Panter, Andrew P Jones, Esther MF van Sluijs. Environmental determinants of active travel in youth: A review and framework for future research [J]. International Journal of Behavioral Nutrition and Physical Activity, 2008, 5 (1): 34-34.

[45] Broberg A, Sarjala S. School travel mode choice and the characteristics of the urban built environment: The case of Helsinki, Finland [J]. Transport Policy, 2015, 37: 1-10.

[46] Mitra R. Independent Mobility and Mode Choice for School Transportation: A Review and Framework for Future Research [J]. Transport Reviews, 2013, 33 (1): 21-43.

[47] Ma L, Dill J, Mohr C. The objective versus the perceived environment: what matters for bicycling? [J]. Transportation, 2014, 41 (6): 1135-1152.

[48] 曹新宇. 社区建成环境和交通行为研究回顾与展望: 以美国为鉴 [J]. 国际城市规划. 2015, 30 (4): 46-52.

[49] 安·福塞斯, 凯文·克里泽克, 刘晓曼, 等. 促进步行与骑车出行: 评估文献证据献计规划人员 [J]. 国际城市规划, 2012, 27 (5): 6-17.

[50] 张仁俐, 赵旭, 黄宽宏, 张绍. 当前居住区公建配套标准的制订 [J]. 城市规划汇刊, 2001, 133 (3): 42-46.

[51] 赵民, 林华. 居住区公共服务设施配建指标体系研究 [J]. 城市规划, 2002, 26 (12): 72-75.

[52] 黄明华, 杨郑鑫, 巩岳. 县城义务教育阶段学校适宜性指标体系研究——以关中地区渭南市典型县城中小学为例 [J]. 城市规划, 2011 (4): 15-20.

[53] 杨震, 赵民. 论市场经济下居住区公共服务设施的建设方式 [J]. 城市规划, 2002, 26 (5): 14-19.

[54] 万昆. 基础教育设施布局规划实施制度探讨 [J]. 规划师, 2011 (2): 88-92.

[55] 高军波, 周春山, 叶昌东. 广州城市公共服务设施分布的空间公平研究 [J]. 规划师, 2010, 26: 12-18.

[56] 周素红, 王欣, 农昀. "十二五" 时期公共服务设施均等化供给与保障 [J]. 规划师, 2011, 27 (4): 16-20.

[57] 张京祥, 葛志兵, 罗震东, 孙姗姗. 城乡公共服务设施均等化研究城乡基本公共服务设施布局均等化研究——以常州市教育设施为例 [J]. 城市规划, 2012 (2): 9-15.

［58］胡思琪，徐建刚，张翔，曹华娟. 基于时间可达性的教育设施布局均等化评价——以淮安新城规划为例［J］. 规划师，2012，28（01）：70-75.

［59］沈奕. 巢湖市城区基础教育设施空间服务状况研究［D］. 浙江大学，2011.

［60］江海燕，朱雪梅，吴玲玲，张家睿. 城市公共设施公平评价：物理可达性与时空可达性测度方法的比较［J］. 国际城市规划，2014，29（05）：70-75.

［61］王兴中. 中国城市生活空间结构研究［M］. 科学出版社，2004.

［62］王侠，张新源. 基于个体行为的泸沽湖摩梭传统聚落营造研究［J］. 西安建筑科技大学学报（自然科学版），2015，47（2）：260-266.

［63］王侠，马远航，杨萌. 基于游客时空行为的甘海子旅游服务中心改造规划［J］. 规划师，2014，30（9）：47-52.

［64］韩娟，程国柱，李洪强. 小学生上下学出行特征分析与管理策略［J］. 城市交通，2011，09（2）：74-79.

［65］张蕊，林霖，杨静. 学龄儿童出行方式特征及其影响因素［J］. 城市交通，2014，（2）：78-83.

［66］闫桂峰，霍玲妹，王宏洲，李炳照. 北京市中小学生出行特征及校车方案设计原则研究［J］. 道路交通与安全，2014，14（05）：10-13.

［67］张纯，郑童，吕斌. 北京流动儿童就学的校车线路研究——基于网络法的分析及校车设施布局建议［J］. 城市问题，2012（5）：101-105.

［68］王侠，陈晓键，焦健. 基于家庭出行的城市小学可达性分析研究——以西安市为例［J］. 城市规划，2015，39（12）：64-72.

［69］何玲玲，林琳. 学校周边建成环境对学龄儿童上下学交通方式的影响——以上海市为例［J］. 上海城市规划，2017（03）：30-36.

［70］陈文慧. 邻里通学道路设施与学童步行活动环境之调查研究——以台北市为例［D］. 中国文化大学建筑及都市计划研究所硕士论文，2001.

［71］余柳，刘莹. 北京市小学生通学交通特征分析及校车开行建议［J］. 交通运输系统工程与信息，2011，（5）：193-199.

［72］汤优，张蕊，杨静，刘侃. 北京市学龄儿童通学出行行为特征分析［J］. 交通工程，2017，17（02）：53-57+64

［73］李早. 基于儿童通学安全的社区空间环境调查研究［D］. 合肥工业大学，2016

［74］Handy S L，Boarnet M G，Ewing R，et al. How the built environment affects physical activity：Views from urban planning.［J］. American Journal of Preventive Medicine，2002，23（2）：64-73.

［75］Robert Cervero，Kara Kockelman. Travel demand and the 3Ds：Density， diversity，and design［J］．Transportation Research Part D-Transport and Environment，1997，2（3）：199-219.

［76］Reid Ewing，Robert Cervero. Travel and the Built Environment：A Meta-Analysis［J］．Journal of the American Planning Association，2010，76（3）：265-294.

［77］塔娜，申悦，柴彦威．生活方式视角下的时空行为研究进展［J］．地理科学进展，2016，35（10）：1279-1287.

［78］［美］雷金纳德·戈列奇，［澳］罗伯特·斯廷森著，柴彦威，曹晓曙译．空间行为的地理学［M］．北京：商务印书馆，2013.

［79］柴彦威等．空间行为与行为空间［M］．南京：东南大学出版社，2014.

［80］Torsten Hägerstrand. What about people in Regional Science?［J］．Urban Planning International，2010，24（1）：143-158.

［81］柴彦威，王恩宙．时间地理学的基本概念与表示方法［J］．经济地理，1997（03）：55-61.

［82］柴彦威，赵莹，张艳．面向城市规划应用的时间地理学研究［J］．国际城市规划，2010，25（06）：3-9.

［83］柴彦威，龚华．城市社会的时间地理学研究［J］．北京大学学报（哲学社会科学版），2001，（05）：17-24.

［84］柴彦威．时空间行为研究前沿［M］．南京：东南大学出版社，2014.

［85］柴彦威，沈洁．基于活动分析法的人类空间行为研究［J］．地理科学，2008，（5）：594-600.

［86］Ben-Akiva M E，Bowman J L. Activity Based Travel Demand Model Systems［M］// Equilibrium and Advanced Transportation Modelling. Springer US，1998：27-46

［87］Bowman J L，Ben-Akiva M E. Activity-based disaggregate travel demand model system with activity schedules［J］．Transportation Research Part A Policy & Practice，2001，35（1）：1-28.

［88］Pinjari A R，Bhat C R. Activity-based travel demand analysis［J］．A Handbook of Transport Economics，2011，10：213-248.

［89］柴彦威，沈洁，赵莹．城市交通出行行为研究方法前沿［J］．中国科技论文在线，2010，5（05）：402-409.

［90］Pred A. Urbanization, domestic planning problems and Swedish geographical research［C］．Board C et al. ads. Progress in Geography，London：Edward Arnold，1973，5：1-76.

［91］Klesges R C，Eck L H，Hanson C L，et al. Effects of obesity，social interactions, and physical environment on physical activity in preschoolers. [J]. Health Psychology, 1990, 9 (4): 435-49.

[92] Mcginn A P, Evenson K R, Herring A H, et al. The relationship between leisure, walking, and transportation activity with the natural environment [J]. Health & Place, 2007, 13 (3): 588-602.

[93] Robert Cervero, Kara Kockelman. Travel demand and the 3Ds: Density, diversity, and design [J]. Transportation Research Part D-Transport and Environment, 1997, 2 (3): 199-219.

[94] Ewing R, Cervero R. Travel and the Built Environment-Synthesis [J]. Transportation Research Record, 2001, 87–114.

[95] Ewing R.et al.Measuring the Impact of Urban Form and Transit Accesson Mixed Use Site Trip Generation Rates-Portlandpilotstudy [R]. Washington, DC: U.S.Environmental Protection Agency, 2009.

[96] Boarnet M G, Sarmiento S. Can Land-Use Policy Really Affect Travel Behavior? A Study of the Link Between Non-Work and Land-Use Characteristics [J]. Urban Studies, 1998, 35: 1155-1169.

[97] Boarnet M G, Greenwald M, McMillan T. Walking, urban design, and health: Toward a cost-benifit analysis framework [J]. Journal of Planning Education and Research, 2008, 27 (3), 341-358.

[98] Tuesday Udell, et al.Does Density Matter?The Role of Density in Creating Walkable Neighbourhoods [R]. Australia: National Heart Foundation of Australia, 2014: 1-35.

[99] 姚宇. 建成环境对城市居民出行及碳排放影响研究——以深圳为例 [D]. 哈尔滨工业大学, 2015.

[100] Ding D, James F.Sallos, et al.Neighborhood Environment and Physical Activity Amomg Youth-A Review [J]. American Journal of Preventive Medicine, 2011, 41 (4): 442-455.

[101] Pikora T, Gilescorti B, Bull F, et al. Developing a framework for assessment of the environmental determinants of walking and cycling. [J]. Social Science & Medicine, 2003, 56 (8): 1693-1703.

[102] 百度百科. 西安 [EB/OL]. http: // baike.baidu.com/ link?url= yrgwHijrRfN0zk-VgG722mhYhss0pe1I5Tyo0-Q2iuHRnGehPVFfRZvUIo-yig GLkG4tsMSpKuGr7GCzHr1fdxlinmyXPGRKXam4qFsL_Xm.

[103] 西安市教育局, 2016西安市教育统计资料 [R], 西安, 2017.

[104] 郭志刚, 张二力, 顾宝昌, 王丰. 从政策生育率看中国生育政策的多样性

［J］. 人口研究，2003，5（27）：1-10.

［105］西安市统计局，2017年西安统计年鉴［M］. 西安，2018.

［106］张欣炜，宁越敏. 中国大都市区的界定和发展研究——基于第六次人口普查数据的研究［J］. 地理科学，2015，35（6）：665-673.

［107］毛其智，龙瀛，吴康. 中国人口密度时空演变与城镇化空间格局初探——从2000年到2010年［J］. 城市规划，2015，39（02）：38-43.

［108］李晶，林天应. 基于GIS的西安市人口空间分布变化研究［J］. 陕西师范大学学报（自然科学版），2011，39（3）：78-83.

［109］微信公众平台：陕西有一套. 看西安中小学分布，何时"问政"教育，才能让孩子入学有保障？［EB/OL］. http：//mp.weixin.qq.com/s/n7-9RbevY_0Tz7KZQqiH_A，2017-03-01.

［110］兰峰，张炜阳. 教育的空间效应：均衡还是失配?——以西安市小学教育资源为例［J］. 干旱区资源与环境，2018，32（05）：19-26.

［111］周恩毅，李刚等. 西安市新建居民区配套中小学幼托机构设置研究［R］. 西安：西安教育发展规划研究成果集（内部资料），2011.

［112］黄建中，吴萌，肖扬. 老年人日出行行为的影响机制研究——以上海市中心城区为例［J］. 上海城市规划，2016（01）：72-76

［113］徐思淑，周文华. 城市设计导论［M］. 北京：中国建筑工业出版社，1991.

［114］何峻岭，李建忠. 武汉市中小学生上下学交通特征分析及改善建议［J］. 城市交通，2007（05）：87-91.

［115］莫纪宏. 受教育权宪法保护的内涵［J］. 法学家，2003，（3）：45-54.

［116］西安市2017年义务教育招生入学政策［Z］. 西安：市教育局，2017.

［117］西安市2016年义务教育阶段进城务工人员随迁子女入学政策［Z］. 西安：市教育局，2016.

［118］路风. 单位：一种特殊的社会组织形式［J］. 中国社会科学，1989（01）：71-88.

［119］纪乃旺. 当代中国单位制的形成及其特征［J］. 经济研究导刊，2011，（30）：13-15.

［120］黄良会. 香港公交都市剖析［M］. 中国建筑工业出版社，2014.

［121］李麟. 农民工随迁子女教育状况调查研究［J］. 合作经济与科技，2011（14）：98-99.

［122］雷熙文. 儿童出行对家庭成员出行行为的约束影响研究［D］. 北京建筑工程学院，2012.

［123］柴彦威. 中国城市的时空间结构［M］. 北京大学出版社，2002.

［124］柴彦威，张雪，孙道胜. 基于时空间行为的城市生活圈规划研究——以北京市为例［J］. 城市规划学刊，2015，223（3）：61-69.

［125］李萌. 基于居民行为需求特征的"15分钟社区生活圈"规划对策研究［J］. 城市规划学刊，2017，（01）：111-118.

［126］Mitra R，Buliung R N，Roorda M J. Built Environment and School Travel Mode Choice in Toronto，Canada［J］. Transportation Research Record Journal of the Transportation Research Board，2010，2156（-1）：10-1443.

［127］Panter J R，Jones A P，Sluijs E M F V，et al. Neighborhood，Route，and School Environments and Children's Active Commuting［J］. American Journal of Preventive Medicine，2010，38（3）：268-278.

［128］Mitra R，Buliung R N. Built environment correlates of active school transportation：neighborhood and the modifiable areal unit problem［J］. Journal of Transport Geography，2012，20（1）：51-61.

［129］GB 50180-1993.城市居住区规划设计规范［M］. 中国建筑工业出版社，1994.

［130］Mitra R，Independent Mobility and Mode Choice for school Transportation：A Review and Framework for Future Research［J］. Transport Reviews，2013，33（1），21-43.

［131］Ewing R，Cervero R. Travel and the built environment：a meta-analysis［J］. Journal of the American Planning Association，2010，76（3）：265-294.

［132］Copperman R B，Bhat C R. Exploratory Analysis of Children's Daily Time-Use and Activity Patterns：Child Development Supplement to US Panel Study of Income Dynamics［J］. Transportation Research Record Journal of the Transportation Research Board，2007，2021（2021）：266-268.

［133］Mcdonald N C. Household interactions and children's school travel：the effect of parental work patterns on walking and biking to school［J］. Journal of Transport Geography，2008，16（5）：324-331.

［134］Yarlagadda A K，Srinivasan S. Modeling children's school travel mode and parental escort decisions［J］. Transportation，2008，35（2）：201-218.

［135］Pucher J，Buehler R. Making Cycling Irresistible：Lessons from the Netherlands，Denmark，and Germany［J］. Transport Reviews，2008，28：495-528.

［136］Marc Schlossberg，Jessica Greene，Page Paulsen Phillips，Bethany Johnson，Bob Parker. School Trips：Effects of Urban Form and Distance on Travel Mode［J］. Journal of the American Planning Association，2006，72

（3）：337-346.

［137］Reid Ewing，Robert Cervero. Travel and the Built Environment：A Synthesis ［J］. Transportation Research Record，2001，1780（1）：265-294.

［138］Tracy E. McMillan. Urban Form and a Child's Trip to School：The Current Literature and a Framework for Future Research ［J］. Journal of Planning Literature，2005，Vol.19，No.4，440-456.

［139］Ewing R，Schroeer W，Greene W：School location and student travel analysis of factors affecting mode choice ［J］. Transportation Research Board：Journal of the Transportation Research Board，2004：55-63.

［140］Mcdonald N C. Travel and the social environment：Evidence from Alameda County，California ［J］. Transportation Research Part D Transport & Environment，2007，12（1）：53-63.

［141］Mitra R，Buliung R N. The influence of neighborhood environment and household travel interactions on school travel behavior：an exploration using geographically-weighted models ［J］. Journal of Transport Geography，2014，36（2）：69-78.

［142］Agrawal A W，Schimek P. Extent and correlates of walking in the USA ［J］. Transportation Research Part D Transport & Environment，2007，12（8）：548-563.

［143］Carver A，Salmon J，Campbell K，Baur L，Garnett S，Crawford D：How do perceptions of local neighbourhood relate to adolescent's walking and cycling? ［J］. American Journal of Health Promotion 2005，20：139-147.

［144］Frank L，Kerr J，Chapman J，et al. Urban Form Relationships With Walk Trip Frequency and Distance Among Youth ［J］. American Journal of Health Promotion Ajhp，2007，21（4 Suppl）：305-311.

［145］Cervero，R.，"Mixed Land-uses and Commuting：Evidence from the American Housing Survey"，Transportation Research A，Vol. 30，No. 5，1996，pp. 361-377.

［146］McDonald N.C.，Chirldren's Mode Choice for the School Trip：the Role of Distance and School Locatiom in Walking to School ［J］. Transportation，2008，35：23-35.

［147］Kerr J，Frank L，Sallis J F，et al. Urban form correlates of pedestrian travel in youth：Differences by gender，race-ethnicity and household attributes ［J］. Transportation Research Part D，2007，12（3）：177-182.

［148］Giles-Corti B，Wood G，Pikora T，et al. School site and the potential to walk to school: the impact of street connectivity and traffic exposure in school neighborhoods [J]. Health & Place, 2011, 17 (2): 545-550.

[149] Timperio A, et.al.Personal, family, social, and environmental correlates of active commuting to school [J]. American Journal of Preventive Medicine 2006, 30: 45-51.

[150] Mackett R L. Increasing car dependency of children: should we be worried? [J]. Proceedings of the ICE - Municipal Engineer, 2002, 151 (1): 29-38.

[151] Olszewski P, Wibowo S S. Using Equivalent Walking Distance to Assess Pedestrian Accessibility to Transit Stations in Singapore [J]. Transportation Research Record Journal of the Transportation Research Board, 2005, 1927 (1): 38-45.

[152] Krizek K, Forsyth A, Baum L. Walking and Cycling International Literature Review [R]. Melbourne: Victoria Department of Transport, 2009.

[153] Mcmillan T E. The relative influence of urban form on a child's travel mode to school [J]. Transportation Research Part A Policy & Practice, 2007, 41 (1): 69-79.

[154] Merom D, Tudor-Locke C, Bauman A, et al. Active commuting to school among NSW primary school children: implications for public health [J]. Health & Place, 2006, 12 (4): 678-687.

[155] Handy S, Mokhtarian P. Neighborhood Design and Children's Outdoor Play: Evidence from Northern California [J]. Children Youth & Environments, 2008, 18 (2): 160-179.

[156] Jean-Christophe Foltête, Arnaud Piombini. Urban layout, landscape features and pedestrian usage [J]. Landscape and Urban Planning, 2007, 81 (3): 225-234.

[157] 陈文慧. 邻里通学道路设施与学童步行活动环境之调查研究——以台北市为例 [D]. 中国文化大学建筑及都市计划研究所, 2001.

[158] Robert Cervero, Olga L.Sarmiento, Enrique Jacoby, Luis Fernando Gomez, Andrea Neiman, 耿雪. 建成环境对步行和自行车出行的影响——以波哥大为例 [J]. 城市交通, 2016, 14 (05): 83-96.

[159] Frank LD, Saelens B, Powell KE, Chapman JE. Disentangling urban form effects on physical activity, driving, and obesity from individual pre-disposition for neighborhood type and travel choice: establishing a case for causation. Soc Sci Med. 2007; 65 (9): 1898-1914.

[160] Carver A, Salmon J, Campbell K, et al. How do perceptions of local

neighborhood relate to adolescents' walking and cycling? [J]. American Journal of Health Promotion Ajhp, 2005, 20 (2): 139-147.

[161] Alton D, Adab P, Roberts L, Barrett T: Relationship between walking levels and perceptions of the local neighbourhood environment. Arch Dis Child 2007, 92: 29-33.

[162] Dumbaugh E, Frank L D. Traffic Safety and Safe Routes to Schools: Synthesizing the Empirical Evidence, in Transportation Research Board 86th Annual Meeting [M]. Washington D.C.: Transportation Research Board, 2007.

[163] Boarnet M, Anderson C, Day K, McMillan TE, Alfonzo M: Evaluation of the California safe routes to school legislation: Urban form changes and children's active transport. American Journal of Preventive Medicine 2005, 28: 134 - 140.

[164] Mota J, Gomes H, Almeida M, et al. Active versus passive transportation to school-differences in screen time, socio-economic position and perceived environmental characteristics in adolescent girls [J]. Annals of Human Biology, 2007, 34 (3): 273-282.

[165] Fulton J E, Shisler J L, Yore M M, et al. Active Transportation to School: Findings From a National Survey [J]. Research Quarterly for Exercise & Sport, 2005, 76 (3): 352-357.

[166] Forsyth A, Krizek KJ. Promoting walking and bicycling: assessing the evidence to assist planners [J]. Built Environment, 2010, 36: 429-446.

[167] Braza M, Shoemaker W, Seeley A: Neighbourhood design and rates of walking and biking to elementary schools in 34 California communities [J]. American Journal of Health Promotion.2004, 19: 128- 136.

[168] Noreen C. McDonald. School Siting: Contested Visions of the Community School [J]. Journal of the American Planning Association.2010, 76 (2): 184-199.

[169] Braza M, Shoemaker W, Seeley A. Neighborhood design and rates of walking and biking to elementary school in 34 California communities [J]. American Journal of Health Promotion, 2004, 19 (2): 128-136.

[170] Robert Cervero. Mixed land-uses and commuting: Evidence from the American Housing Survey [J]. Transportation Research Part A, 1996, 30 (5): 361-377.

[171] Cao X .Disentangling the Influence of Neighborhood Type and Self-selection

on Driving Behavior：an Application of Sample Selection Model［J］. Transportation，2009，36（2）：207-222.

［172］Frank L D，Engelke P，Schmid T. Health and Community Design：The Impact of the Built Environment on Physical Activity［M］. Island Press，2003.

［173］Frank L.D.and Pivo.Impacts of Mixed Use and Density on Utilization of Three Modes of Travel：Single-occupant Vehicle，Transit and Walking［R］. Transportation Research Record，1994，1466：44-52.

［174］Reilly M，Landis J，Reilly M，et al. The Influence of Built-Form and Land Use on Mode Choice Evidence from the 1996 Bay Area Travel Survey［J］. University of California Transportation Center Working Papers，2003.

［175］Kerr J，Rosenberg D，Sallis J F，et al. Active commuting to school：Associations with environment and parental concerns.［J］. Medicine & Science in Sports & Exercise，2006，38（4）：787-794.

［176］Cervero，R.，"Built Environment and Mode Choice：Toward a Normative Framework"，Transportation Research D，Vol. 7，No. 4，2002，pp. 265-284.

［177］郑思齐. 公共品配置与住房市场互动关系研究述评［J］. 城市问题，2013（08）：95-100.

［178］林桢家，张孝德. 建成环境影响儿童通学方式与运具选择之研究：台北市文山区国小儿童之实证分析［J］. 运输计划季刊，2008，37（3）：331-361.

［179］刘天宝，柴彦威. 中国城市单位大院空间及其社会关系的生产与再生产［J］. 南京社会科学，2014，（07）：48-55.

［180］国务院办公厅. 国务院办公厅转发建设部等部门关于优先发展城市公共交通意见的通知［EB/OL］. 2005［2016-09-10］. http：//www.gov.cn/zwgk/2005-10/19/content_79810.htm.

［181］国务院. 国务院关于城市优先发展公共交通的指导意见［EB/OL］. 2013［2016-09-10］. http：//www.gov.cn/zwgk/2013-01/05/content_2304962.htm.

［182］Cervero R，Duncan M. Walking，bicycling，and urban landscapes：evidence from the San Francisco Bay Area［J］. American Journal of Public Health，2003，93（9）：1478-1483.

［183］顾明远. 思考教育：顾明远自选集［M］. 首都师范大学出版社，2008.

［184］李浛等. 微信公众平台：规划中国.《城市公共教育设施规划规范》预言［EB/OL］. http：//mp.weixin.qq.com/s/F2Y_dqGZVhSXuE9zqPYcLg，

2018-01-23.

［185］迈克尔. 索斯沃斯著，许俊萍译，周江评校. 设计步行城市［J］. 国际城市规划，2012，27（5）：54-64.

［186］Chittenden Country Metropolitan Planning Organizatiom，Safe Routes to School［R］. Transprtion News from CCMPO，2005，7（6）.

［187］Noreen C. McDonald.Assessing the Distribution of Safe Routes toSchool Program Funds，2005–2012［J］. American Journal of Preventive Medicine. 2013；45（4）：401–406.

［188］Children E F. KidsWalk-to-School；a guide to promote walking to school［J］. Journal of Value Inquiry，2002.

［189］Staunton C E，Hubsmith D，Kallins W. Promoting safe walking and biking to school：the Marin County success story.［J］. American Journal of Public Health，2003，93（9）：1431-1434.

［190］Marlon G. Boarnet，Kristen Day.el.California's Safe Routes to School program：impacts on walking，bicycling，and pedestrian safety［J］. Journal of the American Planning Association.2005；71（3）；301-317.

［191］Noreen C. McDonald.Why Parents Drive Children to School：Implications for Safe Routes to School Programs［J］. Journal of the American Planning Association，2009，75（3）：.331-342.

［192］李湉，董灏，杜宝东. 基于新用地分类标准下城市总体规划阶段中小学设施布局研究［J］. 建筑与文化，2014（7）：103-105.

［193］王侠，陈晓键. 西安城市小学通学出行的时空特征与特征分析［J］. 城市规划，2018，42（11）：142-150.